铜镍合金层搅拌摩擦表面加工制备机理及性能研究

宋娓娓 著

安 徽 大 学 出 版 社

图书在版编目(CIP)数据

铜镍合金层搅拌摩擦表面加工制备机理及性能研究/宋娓娓著. —合肥:安徽大学出版社,2024.7

ISBN 978-7-5664-2709-0

Ⅰ.①铜… Ⅱ.①宋… Ⅲ.①表面摩擦—金属加工 Ⅳ.①TG

中国国家版本馆 CIP 数据核字(2023)第 236678 号

铜镍合金层搅拌摩擦表面加工制备机理及性能研究 宋娓娓 著

TONG-NIE HEJINCENG JIAOBAN MOCA BIAOMIAN JIAGONG ZHIBEI JILI JI XINGNENG YANJIU

出版发行: 北京师范大学出版集团
安 徽 大 学 出 版 社
(安徽省合肥市肥西路 3 号 邮编 230039)
www.bnupg.com
www.ahupress.com.cn

印　　刷: 江苏凤凰数码印务有限公司
经　　销: 全国新华书店
开　　本: 710 mm×1010 mm　1/16
印　　张: 9.75
字　　数: 156 千字
版　　次: 2024 年 7 月第 1 版
印　　次: 2024 年 7 月第 1 次印刷
定　　价: 45.00 元

ISBN 978-7-5664-2709-0

策划编辑: 刘中飞　张明举　王梦凡
责任编辑: 王梦凡
责任校对: 张明举
装帧设计: 李　军
美术编辑: 李　军
责任印制: 赵明炎

前　言

搅拌摩擦表面加工技术是一种由搅拌摩擦连接技术延伸出来的新型材料表面改性技术，它通过对覆盖各种粉末的金属材料表面进行搅拌摩擦加工实现材料的表面改性。搅拌摩擦表面加工技术不同于传统的化学镀、激光熔覆、离子注入、热处理等工艺手段，它不仅无污染，而且能够实现添加的颗粒粉末与金属材料的充分结合，从而避免剥落现象的发生。该改性技术成本低、无污染、操作简单，是一种环保型的技术，具有推广的价值。

本书主要介绍搅拌摩擦表面加工制备含镍铜合金改性表层，并分析改性表层的形成机理及性能，具体内容为：第1章主要介绍搅拌摩擦表面加工技术的由来和相关的实验条件；第2章揭示搅拌摩擦表面加工制备含镍铜合金改性表层的机制；第3章介绍如何确定搅拌摩擦表面加工制备含镍铜合金改性表层工艺参数范围和加工工艺方法；第4章分析搅拌摩擦表面加工制备含镍铜合金改性表层的性能；第5章模拟分析搅拌摩擦表面加工制备铜合金改性表层的过程；第6章为研究结论和展望；最后的附录部分介绍搅拌摩擦连接和加工技术及其发展。

本书在撰写过程中，得到了硕士研究生黄达、曹伟的大力支持，书中的大多数模拟部分由黄达完成，大部分图片由韩俣绘制处理，部分实验得到了曹伟、夏禹、韩俣、沈新意、嵇道远、汪子敬、陈文雅等的帮助。同时，本书的出版也得到了黄山学院机电工程学院、科研处和人事处相关领导和老师的支持，在此表示感谢！

本书内容具有创新性，理念新颖，解决了搅拌摩擦表面加工技术中的一项瓶颈问题，研究内容具有可持续性，可供高等院校、科研机构及相关企业从事搅拌摩擦表面加工技术的研究人员、技术人员和专业教师参考。

由于时间仓促，作者水平有限，书中难免存在一些疏漏和不足之处，恳请广大读者批评指正。

目　录

第1章 绪 论

1.1 引言

随着我国制造业技术的快速发展，航空航天、船舶、高速列车、新能源汽车以及深海作业等装备的研制水平也越来越高，但始终受到材料的限制，特别是在一些特殊应用场合，如海洋腐蚀环境、高温腐蚀环境、长期交变载荷摩擦区域环境以及重载荷作用的脏乱环境等，制造装备的材料极易造成腐蚀、磨损，进而在运转过程中出现断裂等失效现象，造成巨大的经济损失，严重时还会出现人员伤亡。铜合金是一种优越的合金，在一些关键的场合下应用较多，铜合金易加工，自身的性能也较好，很适合在上述环境下使用。但是，铜合金的缺点也较为明显，如铜合金船舶螺旋桨长期浸泡在海水中易出现腐蚀，高温阀门中应用的铜合金螺栓、螺帽易造成磨损和腐蚀，在腐蚀性强的环境下作业的机器人应用的铜合金零部件也易造成腐蚀等。为了克服这些缺陷，进一步提升铜合金的性能，以保证铜合金的应用范围更加广泛，本书拟从铜合金(H62 黄铜和 H63 黄铜)的性能入手，开展搅拌摩擦表面加工技术的研究，通过在铜合金表层植入镍颗粒，制备出含镍铜合金改性表层，以获得性能较好的铜合金改性复合表层，为其在特殊环境下的应用提供保障。

1.2 黄铜应用及改性技术研究

铜合金(H62 黄铜和 H63 黄铜)因具有力学性能好、导电性能好、热性能好、耐腐蚀性能好、塑性和抗疲劳性能好等优点，被广泛应用于工业产品的制造领域。黄铜综合性能好，且易加工，生产成本低，是一种具有高价值的有色金属[1]。黄铜虽具有上述优点，但是在实际工程应用中还有很多问题需要解决，如黄铜制成的广场铜雕像、屋顶、幕墙、屋面、手表外壳和眼镜架等产品，虽具有华贵典雅、工艺性强、抑菌性好等优点，得到现代装饰材料业的青睐，但这些产品在不同的使用环境中可能出现不同程度的力学性能破坏、磨损和腐蚀，这必然影响产品使用寿命和美观效果等[2]；黄铜还可以用于制造某些型号的电连接器接触件，遗憾的是，这种电连接器接触件虽已镀层，但仍易发生电化学腐蚀[3]，使器件使用寿命大大降低[4]；黄铜也广泛应用于海洋工程装备中，加工的方式通常为焊接，在深海作业的海洋工程装备在焊接区域经常发生腐蚀行为，严重影响了海洋工程装备的使用寿命[5]；在船舶制造中，黄铜经常应用在耐磨性和耐腐性要求较高的场合，如关键的螺栓、螺母、销钉以及特殊场合的板材等，因此，对黄铜的耐磨性和耐腐蚀性等性能方面的要求特别高[6]；黄铜制造的零件有时需要在交变载荷循环作用的环境中使用，极易造成黄铜制造的零件发生疲劳断裂，大大降低了零件的使用寿命[7]。黄铜的表层性能在各种场合和装备中的应用至关重要，因为它影响着黄铜表面与其他接触材料和环境之间的相互作用、热传递及化学作用等，这些因素对黄铜的表层性能提出了更高的要求，解决这一实质性问题是拓展黄铜应用领域的关键所在。因此，国内外很多学者针对黄铜表层的改性开展了大量的研究工作，并取得了一定的科研成果。关于铜合金表层改性方面的研究主要集中在化学镀、激光熔覆、离子注入、热处理等工艺上。但这些工艺要么存在剥落现象，要么存在费用高等问题。搅拌摩擦表面加工技术能很好地解决这两个方面的问题。搅拌摩擦表面加工技术是由搅拌摩擦连接技术延伸出来的一种新技术，该技术加工成本低、制造效率高、节能、绿色、环保，是未来金属表层改性采用的新技术之一。

1.3 搅拌摩擦表面加工技术

1.3.1 搅拌摩擦表面加工技术的发展历程

1991 年，Thomas 等人在英国焊接研究所（The Welding Institute，TWI）铣削加工铝合金的过程中发现铣屑与所加工的铝合金母材发生了黏结现象，由此启发提出了一种新的连接技术，即搅拌摩擦焊[8-55]（friction stir welding，FSW）技术。搅拌摩擦焊是一种固相连接技术，它通过高速旋转的搅拌头扎入连接板材处并沿连接区域做前进运动，在搅拌头轴肩、母材、工作台等挤压力作用下将连接区域搅拌摩擦塑化金属挤压成型，实现区域的连接。随着这一技术的快速发展，到了20世纪90年代末，美国密苏里大学的Mishra等人[56-57]在搅拌摩擦连接技术的基础上首次提出搅拌摩擦加工(friction stir processing，FSP)的概念和方法。搅拌摩擦加工技术主要用于有色金属表层复合材料的制备及表层改性等，该技术早期普遍应用于铝、镁等低熔点金属体系，近年来，该技术的应用向铜、钛、钢、镍等高熔点的金属拓展。搅拌摩擦加工采用带有搅拌针的搅拌头扎入材料内部对材料进行搅拌，使经过搅拌区域的金属发生塑性变形，促使金属动态再结晶，细化晶粒，从而实现金属的改性。搅拌摩擦加工是一种快捷且可实施性强的材料改性方法，其基本工作原理如图1-1所示。

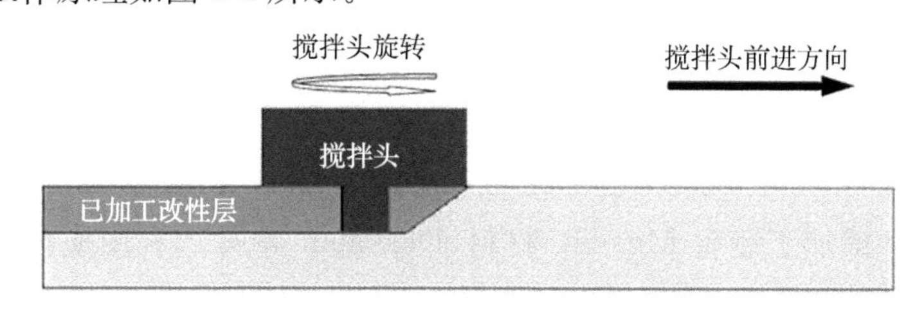

图1-1 搅拌摩擦加工工作原理图

对搅拌摩擦加工技术，很多国内外学者做了大量研究工作。国内张鑫[58]、吴红辉[59]、高雪[60]、刘奋成[61,62]、席利欢[63]、柴方[64]等人采用不同直径的搅拌头对不同的厚度、不同型号的镁合金进行不同道次的搅拌摩擦加工，实现镁合金表层的改性；陈雨[65]、夏星[66]、高兵[67]、孙美娜[68]、薛鹏[69]、李向博[70]、袁潜[71]、陆常翁[72]、李敬勇[73,74]、刘朝晖[75]、李蒙江[76]、童路[77]、陈吉[78]、王快社[79,80]等人采用不同直径的搅拌头对不同的厚度、不同型号的铝合金进行不同道次的搅拌摩擦加工，实现铝合金表层的改性；瞿皎[81]等人研究了5 mm厚的工业纯钛板材多道次搅拌摩擦加工，发现三次搅拌摩擦加工后搅拌区塑性变形剧烈、晶粒细化、硬度提高、摩擦系数减小、磨损率降低；陈玉华[82]等人采用轴肩直径为28 mm、搅拌针带螺纹直径为8 mm、长度为8 mm的搅拌头对厚度为5 mm的工业纯铝板材且板材打孔塞有340目的钛粉进行搅拌摩擦加工，获得原位合成的Al-Ti颗粒增强铝基复合材料；金玉花[83,84]等人采用轴肩直径为20 mm、搅拌针直径为7 mm、长度为5 mm的

W18Cr4V 合金搅拌头搅拌摩擦加工，制备铝基 SiC 复合材料，结果显示，搅拌摩擦加工四道后 SiC 颗粒分布较为均匀，硬度也得到相应提高；金玉花[85]等人还通过在铝合金材料表面开槽，铺设 SiC 颗粒，并利用轴肩直径为20 mm、搅拌针直径为 7 mm、长度为 5.1 mm 的搅拌头搅拌摩擦加工制备 SiC_p/Al 基复合材料，结果显示开槽位置对金属塑性流动方式有影响，轴肩作用区 SiC_p 分布较均匀，槽口位置分布最多，在搅拌头经过的中心线两边分布不等；汪云海[86]等人采用轴肩直径为16 mm，搅拌针底部直径为 8 mm，端部直径为6 mm，长度为 3.7 mm 的带左螺纹的搅拌头对 5 mm 厚的 1060Al 板上添加 La_2O_3 进行搅拌摩擦加工，制备 Ni/Al 复合材料。

国外学者的研究主要集中在利用搅拌摩擦加工技术制备改性材料。如 Narimani 等人[87]利用搅拌摩擦加工制备 Al-TiB_2 材料，Rana 等人[88]利用搅拌摩擦加工制备 Al7075/B_4C 材料，Rathee 等人[89]利用搅拌摩擦加工制备 AA6061/SiC 材料，Tutunchilar 等人[90]利用搅拌摩擦加工制备Al-Si表面材料，Barmouz 等人[91]利用搅拌摩擦加工制备 Cu/SiC 材料，Narimani等人[92]利用搅拌摩擦加工制备 Mg/TiC 材料，Dhayalan 等人[93]利用搅拌摩擦加工制备 AA6063/SiC-Gr 材料，Sarmadi 等人[94]利用搅拌摩擦加工制备铜与石墨混合物，Khayyamin 等人[95]利用搅拌摩擦加工制备 AZ91/SiO_2 材料，Bauri 等人[96]利用搅拌摩擦加工制备 Al-TiC 材料，Raaft 等人[97]利用搅拌摩擦加工制备 A390/石墨和 A390/Al_2O_3 材料，Thankachan 等人[98]利用搅拌摩擦加工制备铝氮铜合金表面，Ahmadkhaniha 等人[99]利用搅拌摩擦加工制备AZ91/Al_2O_3 材料，Ghasemi-kahrizsangi 等人[100]利用搅拌摩擦加工制备钢铁/Al_2O_3 材料，Santos 等人[101]利用搅拌摩擦加工制备 AA5083-H111 材料，Hashemi 等人[102]利用搅拌摩擦加工制备 Al/TiN 材料，Sharma 等人[103]利用搅拌摩擦加工制备 AA2014/SiC 材料，Asl 等人[104]利用搅拌摩擦加工制备 Al5083/石墨颗粒/Al_2O_3 颗粒材料。

还有一些国外学者研究搅拌摩擦加工改性金属表层，如 Nascimento 等人[105]利用搅拌摩擦加工对铝合金进行改性，Maurya 等人[106]利用搅拌摩擦加工改性 6061 铝合金，Halil 等人[107]利用搅拌摩擦加工对 5083 铝合金进行改性，Lorenzo-martin 等人[108]利用搅拌摩擦加工改性 4140 钢，Cartigueyen 等人[109]利用搅拌摩擦加工改性铜合金，Ahmadkhaniha 等人[110]利用搅拌摩擦加工改性纯镁，Sudhakar 等人[111]利用搅拌摩擦加工细化晶粒，Balamurugan 等人[112]利用搅拌摩擦加工改性 AZ31B 镁合金，Morishige 等人[113]利用搅拌摩擦加工细化纯铝，Morishige 等人[114]利用搅拌摩擦加工细化铝镁晶粒，Chabok 等人[115]利用搅拌摩擦加工改性 IF 钢，Aldajah 等人[116]利用搅拌摩擦加工改性高碳钢，Cavaliere 等人[117]采用搅拌摩擦加工改性 AZ91 镁合金，Elangovan 等人[118]利用搅拌摩擦加工改性 AA2219 铝合金，Escobar 等人[119]利用搅拌摩擦加工改性 S32205 钢材，Sumit 等人[120]利用多道搅拌摩擦加工改性 Al-Si 合金，Kurtyka 等人[121]利用搅拌摩擦加工改性铸造铝合金等。可以发现，国内外研究学者研究搅拌摩擦加工主要集中在表层新材料的制备和表层的改性方面。

通过上述国内外学者的研究，发现搅拌摩擦加工改性金属表层还存在很大的缺陷，即改性表层内部基材组织变化较大，性能也发生相应的变化，且改性的表层均匀性也未得到很好的保障，虽然部分性能得到提高，但整体效果还是欠佳，不利于工程应用。为此，本项目研究者在前人的研究基础上，提出了搅拌摩擦表面加工（friction stir surface processing，FSSP）技术，该技术主要通过无针搅拌头对金属表层改性，用高速旋转的无针搅拌头对金属表面浅层进行挤压，同时与金属表面做相对移动，最终实现对金属表层的改性。无针搅拌头在金属表层进行强烈的搅拌运动，使金属表层发生剧烈的塑性变形，从而实现金属表层微观组织结构的致密化、均匀化和细化。

1.3.2　搅拌摩擦表面加工技术

搅拌摩擦表面加工技术既能对铝、镁等低熔点金属体系进行表层改性，也能够实现对铜、钛、钢、镍等高熔点金属进行表层改性。搅拌摩擦表面加工技术还能使改性层粘附性强，不易脱落，在保证金属表层改性的同时，还能保证金属内部基材原有组织不变。近年来，随着课题研究的深入，本书研究者系统化地利用搅拌摩擦表面加工技术将一些特殊颗粒植入铜合金表层，制备出高性能的改性表层材料，实现表层性能的提高。研究者在前期集中研究了植入 SiC、W、Ti 等颗粒对铜合金表层性能的影响，在研究过程中制备出了颗粒分散均匀、体积含量高的颗粒改性铜合金表层。通过相关实验分析发现，制备出的改性层的耐磨性、耐腐蚀性等性能均得到明显提高。因此，利用搅拌摩擦表面加工技术对铜合金表层改性是可行的、有效的，也是经济的、环保的。其未来推广和应用的空间范围很大,是特殊场合中特殊材料表层改性的方法之一。

搅拌摩擦表面加工技术是采用无搅拌针的搅拌头对材料的表层进行改性的,高速旋转的无针搅拌头对金属表层浅层挤压的同时,与金属表面也做相对移动,最终实现对金属表层的改性,具体如图 1-2 所示。无针搅拌头在金属表层进行剧烈的搅拌运动,使金属表层发生剧烈的塑性变形,从而使金属表层的微观组织结构更加致密化、均匀化和细化。其中,轴肩下压量不超过所改性材料厚度的 1/5,在有效保护基体材料的同时可实现对材料表层性能的提升。同时,搅拌摩擦表面加工便于实现颗粒的植入,在基体表面钻孔或开槽,将相关的粉末颗粒均匀铺设在孔中或槽中,压实压平,蜡封,就可以实现植入。

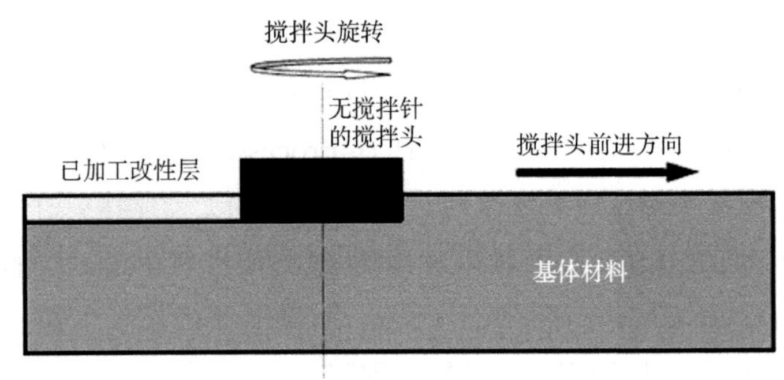

图 1-2　搅拌摩擦表面加工工作原理图

1.4　研究目的、意义和研究内容

1.4.1　研究的目的和意义

本书基于工程实际需要提出了一种铜合金表层改性的新方法——搅拌摩擦表面加工。本书采用搅拌摩擦表面加工技术将镍颗粒植入铜合金表层形成改性表层,以提高铜合金表层的相关性能。书中改性的铜合金主要用于海洋、高温、腐蚀等恶劣环境下的作业装备中,通过本书的研究,可延长在这些环境下作业的铜合金的使用寿命。本书从实验入手,选择不同的工艺参数、不同的加工路径，以获得较好的工艺参数和路径，从实验获得的试样入手，分析改性表层形成机理、改性表层性能完整性以及改性表层形成过程的有限元模拟结果等，最终获得能够有效提高铜合金表层性能的搅拌摩擦表面加工工艺，为实际工程应用提供技术支持。

1.4.2　主要研究内容

基于以上分析，本书旨在通过搅拌摩擦表面加工制备含镍铜合金改性表层，分析改性表层成形机理及性能。本书主要研究内容如下：

(1)搅拌摩擦表面加工制备含镍铜合金改性表层成形机理。通过对铜合金改性表层的弧纹以及颗粒分布进行分析，找出搅拌摩擦表面加工制备含镍铜合金改性表层的弧纹形成机理及增强颗粒的分布规律；通过改性试样的微观组织、外观形貌等特征分析改性区塑化金属的流动规律；通过改性区温度场和应力分布模拟，揭示改性区的无针搅拌头搅拌摩擦热产生和作用力分布等规律，同时，通过微观组织的变化规律，进一步分析搅拌过程中的晶粒变化规律，更深层次地揭示改性表层形成机理。

(2)搅拌摩擦表面加工制备含镍铜合金改性表层实验工艺。根据参考文献和实验，探索适合搅拌摩擦表面加工制备含镍铜合金改性表层的工艺参数范围，然后在选定的工艺参数范围下再确定后续实验用的优化工艺参数组。在铜合金表面钻孔，将镍颗粒填塞进孔中，压实压平，进行搅拌摩擦表面加工制备含镍铜合金改性表层，制备过程中选用优化参数进行两种不同工艺方法的实验，最终获得不同工艺参数、不同工艺方法下的连接试样，并进行后续改性表层的性能分析。

(3)搅拌摩擦表面加工制备含镍铜合金改性表层性能分析。通过制备的改性表层试样分别进行组织、硬度、耐磨性和耐腐蚀性等实验，分析不同的工艺参数、不同的工艺方法获得的各试样的性能变化情况，进而分析出影响各性能的主要参数，为实际工程应用提供技术支持。

(4)搅拌摩擦表面加工制备铜合金改性表层数值分析。确定搅拌摩擦表面加工的热源模型，建立搅拌摩擦表面加工改性铜合金表层的数值模型，分析搅拌摩擦表面加工工艺参数、装夹作用力等对改性区的温度场、应力、应变以及变形等的分布规律的影响，确定影响搅拌摩擦表面加工改性的主要工艺参数，进一步优化工艺方案，为实际工程应用提供辅助作用。

本书的总体框架如图 1-3 所示。

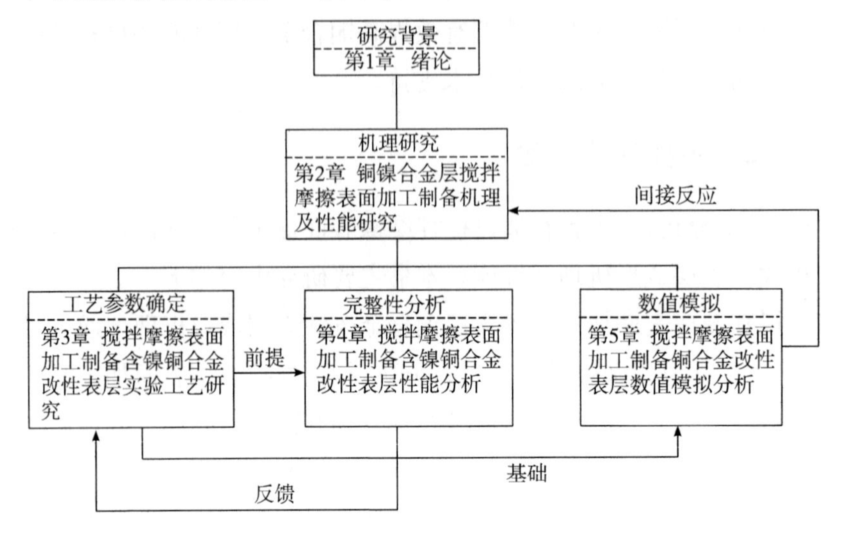

图 1-3　本书总体框架

1.5　本章小结

(1)分析本书的研究背景。

(2)从铜合金的应用、改性技术及搅拌摩擦表面加工技术等方面介绍研究现状。

(3)指出本书研究的目的、意义和主要研究内容。

第2章　铜镍合金层搅拌摩擦表面加工制备机理及性能研究

2.1　引言

搅拌摩擦表面加工制备的改性表层形貌上存在一定的缺陷，如表面弧纹、飞边以及凹陷等，另外，在进行搅拌摩擦表面加工过程中还会出现植入金属流动不充分、植入金属弥散不均匀等问题，这些都将严重影响改性表层的性能。因此，本章主要分析搅拌摩擦表面加工制备含镍铜合金改性表层过程中弧纹和飞边的形成机理，进而分析植入金属在改性表层的流动规律等，通过对改性表层的弧纹、飞边及植入金属搅拌流动弥散规律的研究，归纳总结出搅拌摩擦表面加工制备含镍铜合金改性表层的成形机理，为实际工程应用提供理论支持。

2.2　改性表层弧纹的形成机理

2.2.1　改性表层弧纹宏观形貌及其成因

弧纹是搅拌摩擦表面加工制备过程中留下的不易处理的客观形貌，其在一定程度上影响了搅拌摩擦表面加工改性表层的光滑程度，增加了表层的粗糙度。从数控加工理论的角度分析，若无限制增加搅拌摩擦表面加工搅拌头的旋转速度，搅拌头前进速度减小到接近于零的数值，搅拌摩擦表面加工改性出现的弧纹就能够变得很小，就可以得到光洁度高、表面粗糙度值很小的改性表层。但是，在实际搅拌摩擦表面加工改性过程中，这种情况因受外界诸多因素的影响而无法实现。

图 2-1 为搅拌摩擦表面加工改性铜合金表层的宏观照片。图 2-1(a)为改性末端的照片,从末端搅拌头离开的区域观察,可以发现留在改性表层的是一系列的同心圆,这些同心圆就是搅拌头轴肩上车出的同心螺纹留下的痕迹(如图 2-2 所示)。末端同心圆的紧密度与车出的螺纹数量有关,若搅拌头轴肩车出的螺纹变得比较浅,后续的改性过程中留下的同心圆的紧密度就越差。图 2-1(b)为搅拌摩擦表面加工制备 H62 铜合金表层的稳定阶段,这一阶段弧纹间距较为均匀,但弧纹高低程度有别,这与改性部位材质、挤压受力程度及金属塑化程度等有着紧密的联系,弧纹高度不平的状态如图 2-3 所示。图 2-1(c)为搅拌摩擦表面加工制备 H62 铜合金改性表层的开始阶段,当搅拌头开始进行工作时,先要到达指定的位置开始搅拌,此时,在指定的位置需停留 1～2 秒,使搅拌头转速达到规定的最大值,然后再沿前进方向进行旋转前进。搅拌头的停留及提速过程形成的初始部位弧纹较稳定且呈阶段稠密,这种稠密是搅拌头的慢速提升、搅拌头的头部纹理和搅拌头前进速度三者综合作用的结果。

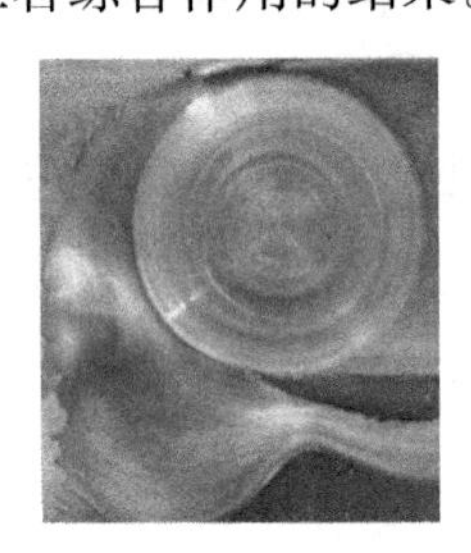
(a)结束部分

(b)中间位置

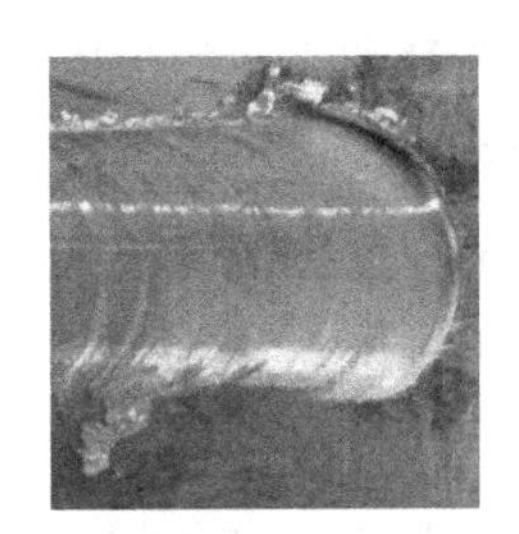
(c)开始部分

图 2-1　搅拌摩擦表面加工制备 H62 铜合金改性表层的各段形貌图

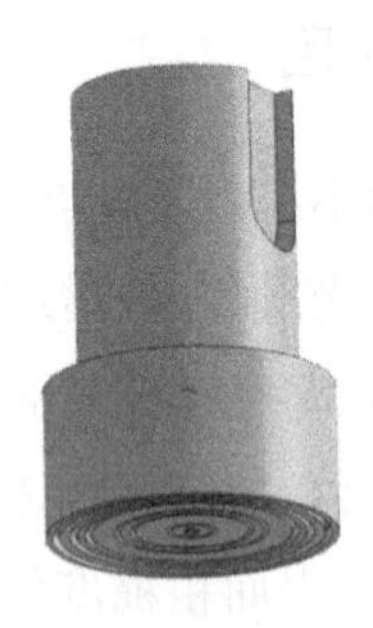
(a)改性搅拌头三维图

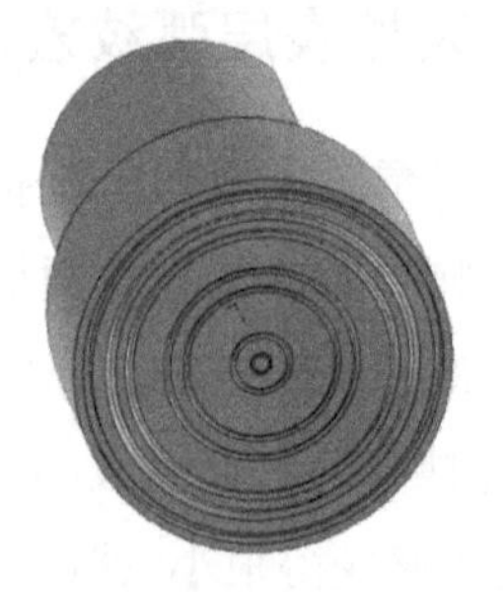
(b)改性搅拌头底部三维形貌图

图 2-2　搅拌摩擦表面加工搅拌头

图 2-3　弧纹变高的现象　　　扫码看彩图

图 2-3 中红色标记的线条即为弧纹形状，在图中可以清晰地看到弧纹的颜色为浅白色，实质上，弧纹颜色并非白色，呈现白色是拍照时光线作用的结果，弧纹本身的颜色与基材铜合金的颜色基本相同，只是稍微比铜合金的颜色淡一点。正如前文所述，弧纹的形成是多种因素的综合作用结果。弧纹的高低、弧纹的宽度以及弧纹的平行程度等均受到以下几个方面因素的影响：一是搅拌摩擦表面加工装备制造因素，如装备制造精度、抗震性等，受这些因素影响，搅拌摩擦表面加工改性过程中会出现微弱颤动，造成弧纹不平行、弧纹高度的变化等；二是搅拌摩擦表面加工改性的铜合金基材制造质量，受基材不均匀性的影响，易在硬度高的区域出现浅弧纹，在硬度低的区域出现深弧纹；三是搅拌头的工艺参数，搅拌头旋转速度低、前进速度小时易出现搅拌摩擦热不充分，搅拌摩擦表面加工改性时塑化金属流动不充分，造成弧纹形成不均匀的情况，搅拌头倾角越大，挤入搅拌头后面的材料越多，形成高的弧纹就越容易，但倾角过大易出现飞边现象，故搅拌头倾角也不宜过大；四是搅拌头本身的制造精度，搅拌头制造精度越高，轴肩内部的螺纹车削越精细，形成的弧纹均匀性越好，其相应的弧纹高度也会较一致；五是搅拌头使用时间过长，易造成部分塑化金属黏着在其后部位，当搅拌头挤压前进时，塑化黏着金属易从搅拌头尾部挤出，造成弧纹增高。

实质上，在进行搅拌摩擦表面加工改性过程中，形成的弧纹高度很难达到一致，在后面的章节中，将详细地剖析原因。弧纹是搅拌摩擦表面加工制备铜合金改性表层的一种特征形貌，也是这种改性技术的不足之处，不过弧纹仅为外观上的不足，并不会影响实际的使用性能。

2.2.2　改性表层弧纹的间距分析

在搅拌摩擦表面加工制备铜合金改性表层过程中，弧纹是依靠搅拌头的旋转、搅拌头前进以及搅拌头底部纹理形成的，如图 2-4 所示。

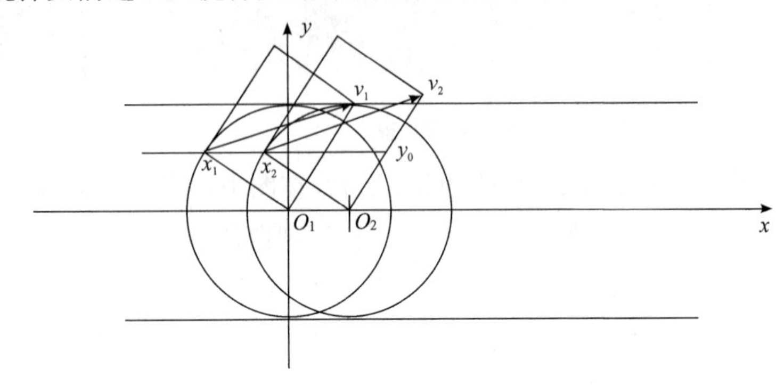

图 2-4　弧纹运动分析图

从图 2-4 可以看出，以 O_1 为圆心的弧纹上的 x_1 点在经历过直线运动和旋转运动的综合作用后，移动到以 O_2 为圆心的弧纹上的 x_2 点，图中$\overline{O_1O_2}=c$ 为弧纹的间距，下面来证明弧纹之间的间距是相等的。

假设搅拌头轴肩的半径为 R，搅拌头前进速度为 v，搅拌头旋转速度为 ω，则有以 O_1 为圆心的弧纹所对的圆的方程为

$$x^2+y^2=R^2 \tag{2-1}$$

以 O_2 为圆心的弧纹所对的圆的方程为

$$(x-c)^2+y^2=R^2 \tag{2-2}$$

式(2-2) 中，c 为圆心 O_1 与 O_2 的距离，即$\overline{O_1O_2}=c$。

设(x_1, y_0)是圆 O_1 左边上部分的一点，(x_2, y_0)是圆 O_2 左边上部分的一点。将(x_1, y_0)代入式 (2-1) 中得

$$x_1=-\sqrt{R^2-y_0^2} \tag{2-3}$$

将(x_2, y_0)代入式 (2-2) 中得

$$x_2=-\sqrt{R^2-y_0^2}+c \tag{2-4}$$

将式 (2-4) 减去式(2-3) 得

$$\overline{x_2x_1}=c \tag{2-5}$$

式 (2-5) 中的值与前面提到的$\overline{O_1O_2}=c$ 相同，而(x_1, y_0)和(x_2, y_0)两点均是

任意的两圆相同纵坐标的点，故在搅拌头前进的方向上，相邻的两弧纹之间的水平距离始终相同，即等于两弧纹中心圆相差的距离，即

$$c = \frac{v}{\omega} \tag{2-6}$$

由上述分析可知，理论上，在搅拌头前进方向上弧纹之间的点是平行的，这也与图2-4中 x_1 和 x_2 两点的综合作用速度 v_1 和 v_2 方向与大小相同相一致，即在两弧纹的平行点上，其作用是相同的。

而在实际搅拌摩擦表面加工改性过程中，弧纹的形成主要是轴肩的外圆、轴肩内部的车削螺纹等的综合作用，相同的部位形成的弧纹间距大致相同，但也有不同之处，这与改性的材质有关。若材质偏软，局部位置的挤压厚度增加，形成的弧纹间距相对减小；若螺纹材质偏硬，局部位置的挤压厚度变薄，形成的弧纹间距相对增大。不同部位形成的弧纹之间的间距必定不同，因为不同部位的螺纹间距不同，获得的弧纹间距也就不同。若提高改性参数，如提高搅拌头旋转速度和搅拌头前进速度，则获得的弧纹之间的间距会较小，形成的弧纹深度会较浅，故而得到的弧纹表面光洁，能够看到的弧纹很细，肉眼难以观察，看似弧纹消失，但在显微镜下依然清晰可见。

2.2.3　改性表层弧纹的形成过程分析

在进行搅拌摩擦表面加工制备铜合金改性表层过程中，搅拌头进入铜合金表层时，搅拌头的旋转速度需不断增加到设定值，且搅拌头到达指定的深度以一定的前进速度进行加工。起初，搅拌头未移动，仅在垂直位置不断高速旋转下降，搅拌头不断旋转，将前面的材料不断地通过搅拌头头部挤压和搅拌头周边材料的挤压沿着搅拌头侧面挤出，形成飞边。靠近后部的材料挤出虽然少，但在强大的挤压作用力下形成弧纹，起初，因搅拌头底部的车削螺纹和综合挤压力作用，在这一区域的塑化金属很难向前移动，从而在此处形成极为密集的弧纹形状。当搅拌头高速旋转并伴随前进运动时，搅拌头处于稳定工作状态，这一阶段产生的弧纹相对较均匀，前面的材料通过搅拌头的头部以及两边和底部基材的挤压，一部分沿着搅拌头侧边被挤出，在前进侧挤出相对多些，在返回侧挤出相对少些，因为前进侧产生的摩擦热多于返回侧。即前进侧的金属塑性流动性能比返回侧好，这将导致前进侧形成飞边的

现象少于返回侧。同时,还有部分塑化金属在后部的搅拌头挤压作用下形成弧纹,但是有时弧纹并不是很均匀,高度和形状也略微有所不同,造成这种现象的原因除了前面提到的材质、搅拌头形状等因素,还与搅拌摩擦表面加工装备的稳定性、减振性等多种因素有关,有时还与季节、天气有关。图 2-5 给出了铜合金搅拌摩擦表面加工改性层的剖面金相图。从图 2-5 中可以清楚地看出,各弧纹的剖面形状略有不同,而且弧纹存在一种卷曲状态,这主要是由于在搅拌摩擦表面加工改性过程中搅拌头具有倾斜挤压的作用,搅拌头采用合金钢制成,其类似于铣削刀具,有一定的锋利性。从图 2-5 中还可以看出,从右到左是搅拌头前进的方向,随着搅拌头的前进,其弧纹底部厚度的增加越来越大,这是因为在搅拌摩擦表面加工改性铜合金时,随着摩擦热量的不断增加,塑化形成的金属在搅拌头头部黏着得越来越多,致使在形成弧纹后出现底部增厚的现象。

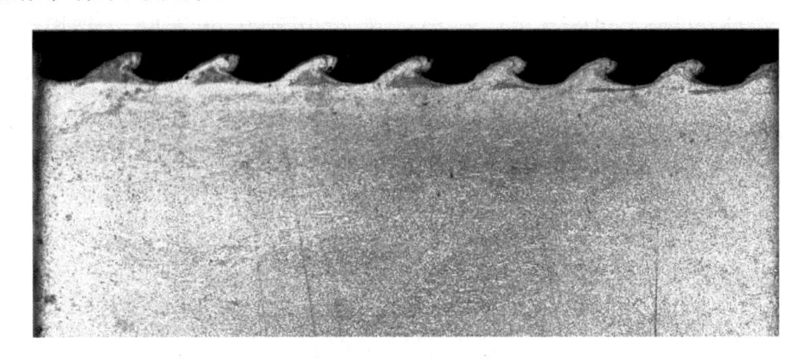

图 2-5　铜合金搅拌摩擦表面加工改性层剖面金相图

搅拌摩擦表面加工改性铜合金表层的实质就是通过搅拌头头部与铜合金表层进行搅拌摩擦生热,致使铜合金表层材料出现塑化,并在搅拌头压力作用下形成铜合金改性表层。在铜合金搅拌摩擦表面加工改性过程中,需要产生大量的热塑化表层金属,而搅拌头头部车出的螺纹就是为了增加搅拌过程中的摩擦系数,提升摩擦热,同时,螺纹之间的空隙有利于摩擦热的储存,这极大提高了瞬间的摩擦热量,也很容易实现铜合金表层材料的塑化,有利于提高铜合金表层的改性效果。反之,若在实际应用中将搅拌头加工得较为光洁,表面粗糙度小,反而会降低搅拌过程中摩擦热的生成,无法快速实现铜合金表层金属的塑化,铜合金表层改性的效果就差,不利于实际工程的应用。在搅拌摩擦表面加工制备铜合金改性表层尾端同样出现同心圆,但此时的同心圆的密度明显小于起始阶段，因为尾端的搅拌头抬起时，塑化金属的填充不及时，形成的挤压塑化金属较少，故尾端呈现的形貌同搅拌头端部呈现的形貌基本一致。实质上，尾端部位的弧纹基本上能反映真实的弧纹形貌，但是不能反映改性过程中实际的弧纹形貌，这是因为实际改性过程中，弧纹形成的塑化是金属受到来自母材、搅拌头以及外部环境等多种因素综合影响后呈现出的一种形貌，属于耦合型的形貌结构。

2.3 改性表层飞边的形成机理

2.3.1 改性表层金属与基材分离准则

搅拌摩擦表面加工制备铜合金改性表层时，当搅拌头高速旋转进入表层材料内部时，搅拌头前端部分会如铣削刀具般切入铜合金表层内，搅拌头所接触的铜合金表层材料由于受到高速旋转的搅拌头挤压力、周边基材挤压力和底部基材挤压力的综合作用，会产生高温摩擦而出现晶内滑移和扩散性蠕变。高温必然造成铜合金表层的原子间间距增大，原子振动和扩散速度也会随之增加，同时，铜合金表层内部的位错滑移、攀移、交滑移及位错节点脱锚均较易形成。当滑移系增多时，滑移的灵敏性会显著增加，铜合金表层的晶粒间变形协调也会得到很大改善，晶界对位错运动的阻碍减弱，位错会极易进入晶界。扩散性蠕变使得铜合金表层晶粒在拉伸方向上伸长变形，在压缩方向上缩短变形。

当搅拌头进入铜合金表层内部时，会先使铜合金表层材料因搅拌摩擦热塑化而发生塑性变形，其塑性变形主要遵循米塞斯屈服准则：在一定的变形条件下，当物体内某一点受到的应力偏张量的第二不变量 J' 达到某一定值时，该点进入塑性状态，即

$$f(\sigma'_{ij}) = J'_2 = C \tag{2-7}$$

且有

$$J'_2 = \frac{1}{6}\left[(\sigma_x - \sigma_y)^2 + (\sigma_y - \sigma_z)^2 + (\sigma_z - \sigma_x)^2 + 6(\tau_{xy}^2 + \tau_{yz}^2 + \tau_{zx}^2)\right] = C \tag{2-8}$$

用主应力表示为

$$J'_2 = \frac{1}{6}[(\sigma_1 - \sigma_2)^2 + (\sigma_2 - \sigma_3)^2 + (\sigma_3 - \sigma_1)^2] = C \tag{2-9}$$

此处，C 与应力状态无关，可直接利用单向应力状态求得，即

$$\sigma_1 = \sigma_s, \sigma_2 = \sigma_3 = 0 \tag{2-10}$$

将式(2-10)代入式(2-9)得

$$C = \frac{1}{3}\sigma_s^2 \tag{2-11}$$

当只有纯剪切应力时，有

$$\tau_{xy} = \sigma_1 = -\sigma_3 = K, \sigma_2 = 0 \tag{2-12}$$

将式(2-12)代入式(2-9)得

$$C = K^2 \tag{2-13}$$

故有

$$K = \frac{1}{\sqrt{3}}\sigma_s \tag{2-14}$$

结合式(2-8)、式(2-13)和式(2-14)得

$$(\sigma_x - \sigma_y)^2 + (\sigma_y - \sigma_z)^2 + (\sigma_z - \sigma_x)^2 + 6(\tau_{xy}^2 + \tau_{yz}^2 + \tau_{zx}^2) = 2\sigma_s^2 = 6K^2 \tag{2-15}$$

结合式(2-9)和式(2-15)得主应力为

$$(\sigma_1 - \sigma_2)^2 + (\sigma_2 - \sigma_3)^2 + (\sigma_3 - \sigma_1)^2 = 2\sigma_s^2 = 6K^2 \tag{2-16}$$

将式(2-15)与等效应力 $\bar{\sigma}$ 比较，得

$$\bar{\sigma} = \frac{1}{\sqrt{2}}\sqrt{(\sigma_x - \sigma_y)^2 + (\sigma_y - \sigma_z)^2 + (\sigma_z - \sigma_x)^2 + 6(\tau_{xy}^2 + \tau_{yz}^2 + \tau_{zx}^2)} = \sigma_s \tag{2-17}$$

将式(2-16)与等效应力 $\bar{\sigma}$ 比较，得

$$\bar{\sigma} = \frac{1}{\sqrt{2}}\sqrt{(\sigma_1 - \sigma_2)^2 + (\sigma_2 - \sigma_3)^2 + (\sigma_3 - \sigma_1)^2} = \sigma_s \tag{2-18}$$

上述式中：σ_s 为材料的屈服点，MPa；K 为材料的剪切屈服强度，MPa。

当搅拌摩擦表面加工制备铜合金改性表层，搅拌头进入铜合金表层内部，使搅拌区域的铜合金材料的等效应力 $\bar{\sigma}$ 达到铜合金的屈服强度 σ_s 时，铜合金表层材料就进入了塑性状态。具体如图 2-6 所示。

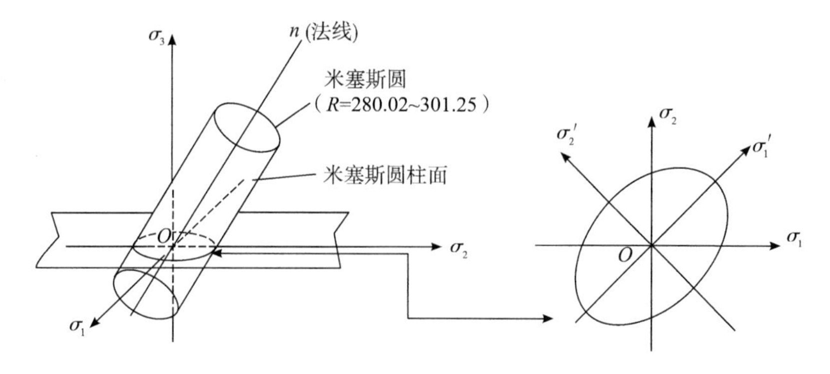

图 2-6　铜合金改性屈服准则示意图

搅拌摩擦表面加工制备铜合金改性表层过程中，因摩擦热而塑化的金属通过搅拌头从基材表层不断分离（这种分离类似于铣屑与基材分离的情况，但又有所不同），分离之后沿着搅拌头的两侧向外产生飞边，飞边可以产生连续的塑性变形，形成长条叠折形状，但也有的在形成过程中出现剪切断开状态，这些具体情况和改性的工艺参数及表面的材质有关。飞边形成过程必然遵守一定的分离准则。迄今为止，关于飞边的分离准则还未形成统一的理论。

本书从前人提出的切屑成形标准推演出搅拌摩擦表面加工制备铜合金改性表层飞边分离标准，具体描述如下：在三维模型中，应力指数被定义为

$$f=\sqrt{\left\{\frac{\sigma_{\mathrm{n}}}{\sigma_{\mathrm{f}}}\right\}^2+\left\{\frac{\tau_1}{\tau_{\mathrm{f1}}}\right\}^2+\left\{\frac{\tau_2}{\tau_{\mathrm{f2}}}\right\}^2} \tag{2-19}$$

式 (2-19) 中：σ_{n} 为搅拌摩擦表面加工过程中搅拌头头部前面指定距离处的法向应力，MPa；σ_{f} 为材料的失效应力（在纯拉伸载荷条件下），MPa；τ_{f1} 和 τ_{f2} 分别为搅拌头头部指定距离处材料的失效应力（在纯剪切应力条件下），MPa；τ_1 和 τ_2 分别为搅拌摩擦表面加工过程中搅拌头头部指定距离处的剪切应力，MPa。此处，$\sigma_{\mathrm{n}}=0$，此时，式 (2-19) 变为

$$f=\sqrt{\left\{\frac{\tau_1}{\tau_{\mathrm{f1}}}\right\}^2+\left\{\frac{\tau_2}{\tau_{\mathrm{f2}}}\right\}^2} \tag{2-20}$$

令 $\tau_1=\tau_2=\tau$；$\tau_{\mathrm{f1}}=\tau_{\mathrm{f2}}=\tau_{\mathrm{f}}$，此时，式 (2-20) 变为

$$f=\sqrt{2\left(\frac{\tau}{\tau_{\mathrm{f}}}\right)^2}=\sqrt{2}\,\frac{\tau}{\tau_{\mathrm{f}}} \tag{2-21}$$

式 (2-21) 中：τ 指搅拌摩擦表面加工过程中搅拌头头部指定距离处的综合剪切应力，MPa；τ_{f} 为工件材料的综合剪切失效应力，MPa。在断裂分析中，

当应力指数 f 达到 1.0 时，材料被认为失效，该点处的材料有断裂现象发生。

再根据米塞斯流动法则，令

$$\tau_{\mathrm{f}} = \frac{\sigma_{\mathrm{f}}}{\sqrt{3}} \tag{2-22}$$

将式 (2-22) 代入式(2-21) 可得

$$\tau = \frac{1}{\sqrt{6}} f \sigma_{\mathrm{f}} \tag{2-23}$$

式 (2-23) 即为搅拌摩擦表面加工制备铜合金改性表层搅拌头指定距离处的飞边材料与基材分离的临界点。将式(2-23) 变为

$$\tau \geqslant \frac{1}{\sqrt{6}} \sigma_{\mathrm{f}} (f = 1) \tag{2-24}$$

为了研究问题的方便及保持一致性，将式 (2-24) 中的 σ_{f} 变为 σ_{s}，即

$$\tau \geqslant \frac{1}{\sqrt{6}} \sigma_{\mathrm{s}} \tag{2-25}$$

式 (2-25) 即为搅拌摩擦表面加工制备铜合金改性表层搅拌头头部指定距离处的飞边材料与基材分离准则。

2.3.2　改性表层飞边形成过程分析

搅拌摩擦表面加工制备铜合金改性表层过程中，形成飞边的因素有很多，如选择的工艺参数、搅拌头倾斜角等。合理地选择工艺参数和倾斜角，形成的飞边就会减少，如图 2-7 所示。选择搅拌头旋转速度为 1200 r/min，前进速度为150 mm/min，下压量为 0.2 mm 时，获得的飞边较少，这进一步说明飞边形成与材质、改性工艺参数等有关。合理地选择搅拌摩擦表面加工工艺参数，可以有效地减少飞边的形成。

图 2-7　铜合金改性层的宏观形貌

飞边和弧纹一样，在搅拌摩擦表面的系列加工中是不可避免的，只可能采用合理的工艺参数和加工方式减少或弱化其出现，但绝不可消除，从某种意义上来说，这也是搅拌摩擦表面加工的缺陷所在。

图 2-8 给出了不同位置的飞边形貌。从图 2-8(a)可以看出，稳定阶段的飞边为叠加状态，这是因为飞边在搅拌头侧面形成后，受到底部铜合金基材的限制，使得其在短暂时间内没有完全与基材分离，处于叠加状态；图2-8(b)中飞边形状产生的原因是搅拌头插入铜合金表层内部深、搅拌头旋转速度快，另外，飞边底部受到铜合金基材牵制，造成其在高速旋转带动下无法及时实现叠加而直接涡旋到一起，形成类似于瓢状的结构；图 2-8(c)为末端形成的锯齿形飞边，飞边厚度较薄，这是因为搅拌头在此处不断上升，挤压铜合金减少，仅有少量搅拌挤压的铜合金形成飞边。

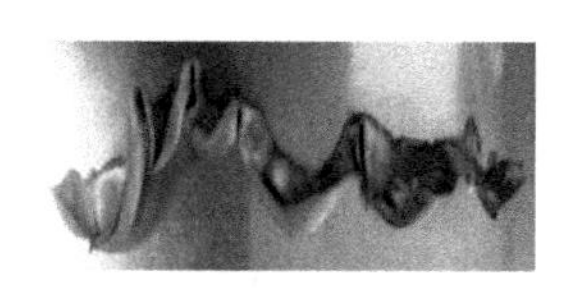
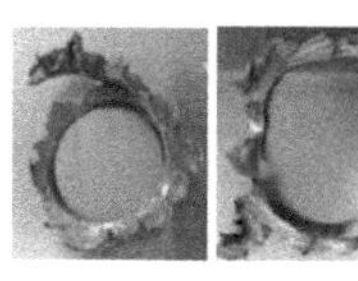

(a)稳定阶段的飞边形状　(b)剧烈情况下的飞边形状　(c)末端飞边形状

图 2-8　飞边的形状

从图 2-8 中还可以清楚地看到，飞边上的铜合金表面也有一道一道的类似弧纹状的表面，这种形状的出现与搅拌头的螺纹纹理有关。因为在搅拌摩擦表面加工制备铜合金改性表层过程中，搅拌头有一定的倾斜，当前端搅拌头表面与铜合金表层接触并插入材料内部时，搅拌头前端铜合金会因搅拌头的高速旋转产生摩擦热而发生塑化，被塑化的铜合金被带入车有螺纹的槽口挤压，并在搅拌头前进和旋转双重作用下，从搅拌头两侧分离铜合金基材，形成飞边。飞边形貌在一定程度上反映了搅拌头车削的螺纹形貌。

具体的搅拌摩擦表面加工制备铜合金改性表层形成飞边的过程可描述如下：当搅拌头旋入铜合金表层并进行搅拌时，搅拌头边缘类似于铣刀，不断地剥离塑化铜合金与基材之间的连接，同时，搅拌的铜合金不断塑化，随着搅拌头的旋转和前进，部分被搅拌挤压的塑化铜合金被带入搅拌头底部，并从搅拌头两侧不断地被挤压旋转分离，形成飞边。同时，在搅拌头前进方向，搅拌头边缘类似于铣刀将铜合金基材不断地撕裂挤压出来，由于撕裂挤出的塑化铜合金还与铜合金基材保持一定的相连，因此获得的飞边呈现出叠加状态。当搅拌头旋转速度和前进速度较快时，这种叠加状飞边却不易出现，而是涡旋到一起。另外，飞边形状还与基材的材质有关。有的飞边较长地连接在一起，也有的很短就分离，这和铣削加工形成的飞边相类似。飞边形成过程及其断裂分离均与上述的屈服准则和分离准则相一致，符合前面讨论的飞边屈服和分离机理。至于末端形成的飞边，主要是由搅拌头不断地从铜合金内部高速旋转抽出产生的。在此阶段，主要发生的是飞边的切削过程，飞边易从末端孔的周围撕开，并被搅拌头外围部分切割而形成圆形，其结构保持得较为完整。

2.4　搅拌摩擦表面加工制备含镍铜合金改性表层颗粒行为分析

2.4.1　改性表层铜合金塑化流动过程分析

图 2-9 所示为小孔颗粒在搅拌摩擦表面加工制备铜合金改性表层过程中的流动规律。

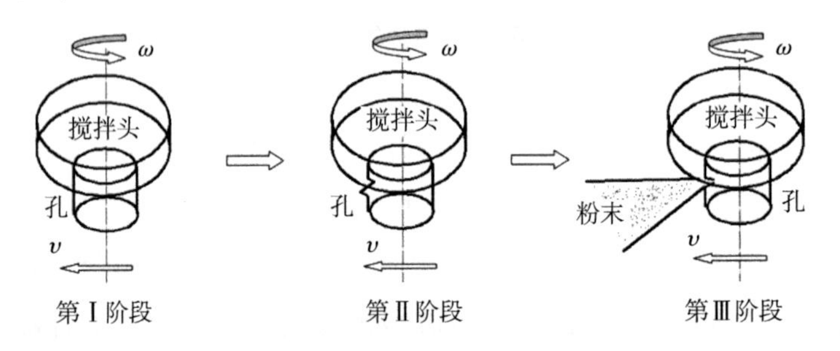

图 2-9　颗粒流动规律示意图

由图 2-9 可以清楚地看出，在第Ⅰ阶段，小孔内放置镍颗粒，压实压紧并封装好，当搅拌头以一定的旋转速度进行旋转挤压时，小孔内的颗粒因慢慢受到旋转气体压力作用而被再次压结实。在旋转挤压过程时，小孔中的颗粒因压紧而留出了一段空隙，这个空隙里面存在空气，随着搅拌头的高速旋转和前进，前面出现的储存空气的空隙小孔发生扭曲变形。进入第Ⅱ阶段，因空隙小孔不断扭曲，空隙小孔中的气体压力逐渐升高，当气体压力达到一定值时，空隙小孔就会出现侧壁开裂，此时，小孔中挤压的镍颗粒会随着搅拌头的旋转和前进双重运动的综合作用出现向前散开现象，最终出现第Ⅲ阶段的抛散状态，形成含镍铜合金改性表层，具体如图 2-10 所示。

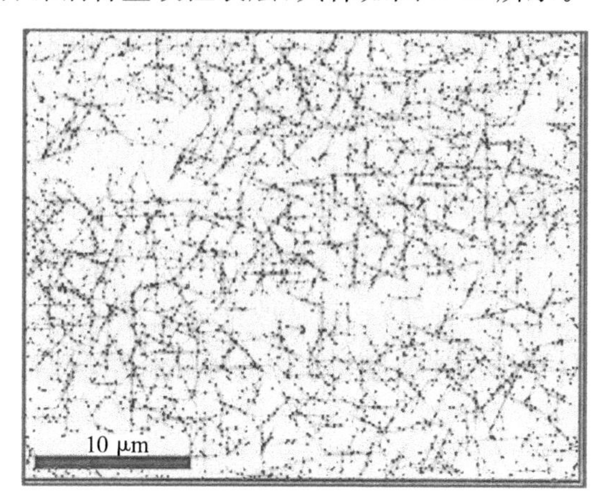

图 2-10　含镍铜合金改性表层镍的分布照片

从图 2-10 中可以看出，搅拌摩擦表面加工制备的含镍铜合金改性表层中镍的分布不仅多而且均匀，这是因为搅拌摩擦表面加工制备含镍铜合金改性表层过程中选择了合适的工艺参数，从而获得了较高的摩擦热量，使铜合金表层添加的镍和铜合金中的铜产生互溶，合金塑化较快，易将镍搅进铜合金改性表层中。

镍颗粒在搅拌头旋转作用下进入铜合金改性表层内，此时，铜合金改性表层的晶粒由原先的条状轧制晶粒逐渐变成为细小的等轴晶粒，在这一改性过程中，铜合金表层的晶粒发生了再结晶，使晶粒细化，从而使铜合金改性表层的性能得到较好的提升。

经过上述三维图像与实验的结合分析，可以肯定，搅拌摩擦表面加工能够实现铜合金表层的改性，特别是植入镍颗粒后，可获得较为完整的高质量铜合金改性表层。搅拌摩擦表面加工能有效地制备出性能较好的铜合金改性表层，且制备铜合金改性表层的效率高、操作方便，晶粒得到细化，改性颗粒分布均匀，值得进一步推广。

2.4.2　搅拌摩擦表面加工制备含镍铜合金改性表层机理分析

采用搅拌摩擦表面加工制备铜合金改性表层，主要利用搅拌头在铜合金表层高速旋转并以一定的速度前进，在铜合金表层留下一层挤压的痕迹，这种留下痕迹的过程是一种金属塑性变形过程，即破坏晶界、压缩金属间间隙，增强改性表层位错密度，进而提升改性表层的耐磨性和耐腐蚀性等性能的过程。整个搅拌摩擦表面加工制备铜合金改性表层过程也是一种消耗的过程，其消耗主要体现在改性表层高度的降低、部分塑化基材被挤出形成飞边以及金属间间隙缩小而导致体积的减小等，这种消耗最终体现为改性表层多厚度减少。在整个搅拌摩擦表面加工制备铜合金改性表层过程中存在弧纹，这种弧纹虽然从外观来说是一种缺陷，但从改性表层机理的层面来说又十分重要，因为其有效地体现出搅拌摩擦表面加工制备铜合金改性表层时产生的激烈挤压塑性变形过程。

利用搅拌摩擦表面加工制备含镍铜合金改性表层时，铜合金改性表层的镍能够均匀地分布到铜合金表层，而且使铜合金改性表层的晶粒得到细化，大小较为均匀，大角度晶界增多，这充分说明搅拌摩擦表面加工制备含镍铜合金改性表层时发生了动态再结晶，晶粒细化程度得到有效的提高。

2.5　本章小结

(1)对弧纹形成机理进行探讨，分析认为弧纹是不可消除的；介绍弧纹高低不平的原因，同时还提出搅拌头头部的加工纹理也是形成弧纹的一个重要因素；推导出弧纹的间距公式；具体分析了弧纹的形成机理。

(2)分析飞边的材料屈服遵循米塞斯屈服准则，并依次推导出飞边分离准则，给出飞边的形成机理。分析飞边在不同阶段产生不同形状的原因。在稳定阶段，因为飞边材料与基材之间还存在连接，造成了飞边的叠加；当转速和前进速度较快时，来不及叠加会造成涡旋，形成瓢状的飞边；加工快结束时，搅拌头上升，挤压铜合金减少，因此，末端的飞边为锯齿状，呈薄圆形。

(3)揭示搅拌摩擦表面加工制备铜合金改性表层的实质是细化晶粒，增加位错以提高表面性能；采用搅拌摩擦表面加工制备含镍铜合金改性表层，镍颗粒的弥散效果较好。

第3章　搅拌摩擦表面加工制备含镍铜合金改性表层实验工艺研究

3.1　引言

搅拌摩擦表面加工技术既能对铝、镁等低熔点金属体系进行表层改性，也能够实现对铜、钛、钢、镍等高熔点金属的表层进行改性。其中，铜合金作为使用十分普遍的一种金属合金，广泛应用于热交换、电力传输、电子和通信等领域。近年来，随着海洋工程、地热利用工程以及化工工程的快速发展，铜合金的应用领域得到更大的拓展，对铜合金性能要求也越来越高。如作为船舶螺旋桨材质的铜合金需要有足够的硬度和强度来抵抗海洋的腐蚀环境；地热用铜合金热交换器长期工作在高温的环境下，要具备较好的高温蠕变性能和较高的热硬度；一些化工用铜合金配件应用环境恶劣，且长期处在冲击及腐蚀的环境，要求必须具备较好的抗疲劳性和耐腐蚀性等。通常，铜合金想要获得较好的耐腐蚀性、耐磨性和抗疲劳性，需要对铜合金进行特殊的制备或化学处理，而这种高性能铜合金的制备不仅需要在成本上加大投入，而且在生产过程中容易产生污染，无法满足现在国家提倡的绿色制造要求。其实，在上述铜合金产品中，最主要的还是提高铜合金表层的性能，这些产品实际应用中彼此之间发生的多为表层磨损、腐蚀等。因此，采用搅拌摩擦表面加工技术实现铜合金表层的改性，可以提高铜合金表层的性能，获得各方面性能较好的改性表层，还可以实现绿色加工制造。在本章中，主要介绍搅拌摩擦表面加工装备、相关性能测试的仪器设备以及测试试样的制作等，同时，还介绍试验中使用的板材及植入的粉末等。本章中，还通过大量搅拌摩擦表面加工试验，获得适合铜合金表层加工改性的工艺参数和具体的加工工艺方法，为后续的性能测试试验及改性加工过程的数值模拟分析提供相应的技术参数。

3.2　实验过程和材料

3.2.1　实验过程

本书中采用搅拌摩擦表面加工对无植入的铜合金板材进行改性试验，即通过高速旋转的搅拌头(无针)进入铜合金表层内部，并在一定的搅拌头前进速度下进行铜合金表层改性，通过搅拌头的高速旋转以及搅拌头与铜合金表层材料的挤压成型等一系列过程，最终获得所需要的改性表层；对不同的改性工艺参数进行分批试验，从改性表层外观、性能等方面入手进行深入分析，确定出适合铜合金搅拌摩擦表面加工改性的工艺参数范围及工艺方法，用于后续实验和模拟分析。

3.2.2　实验材料

实验选用热轧 H62 铜金合和 H63 铜合金，实验用铜合金板材尺寸为 200 mm×200 mm×10 mm。实验所用的镍粉末纯度为 99.9%，粒度为 600 μm。H62 和 H63 铜合金的主要化学成分分别见表 3-1 和表 3-2。

表 3-1　H62 铜合金的主要化学成分

化学成分	Cu	Fe	Pb	Ni	Zn	杂质
质量分数/%	60.5～63.5	0.15	0.08	0.5	余量	0.3

表 3-2　H63 铜合金的主要化学成分

化学成分	Cu	Fe	Pb	Zn	杂质
质量分数/%	62～65	0.15	0.08	余量	0.3

H62 和 H63 铜合金的力学性能分别见表 3-3 和表 3-4。

表 3-3　H62 铜合金的力学性能

状态	抗拉强度 σ_b/MPa	伸长率 δ	密度 ρ/(kg·m^3)
Y2(半硬)	343～460	≥20%	8.5×10^3

表 3-4　H63 铜合金的力学性能

状态	抗拉强度 σ_b/MPa	伸长率 δ	密度 ρ/(kg・m^3)
Y2(半硬)	350～470	≥20%	8.45×10^3

3.3　实验设备及测试方法

3.3.1　实验设备

搅拌摩擦表面加工实验采用北京赛福斯特技术有限公司生产的FSW-LM-A10型搅拌摩擦焊接设备，如图 3-1 所示。搅拌摩擦表面加工制备铜合金改性表层使用的搅拌头为无针搅拌头，其轴肩直径为 18 mm，搅拌头的形貌如图 3-2 所示，搅拌头的材质为工具钢。

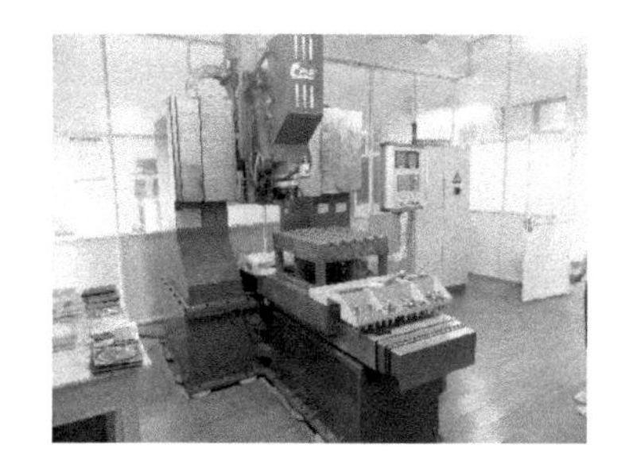

图 3-1　搅拌摩擦焊接设备

图 3-2　搅拌头

在进行搅拌摩擦表面加工制备铜合金改性表层实验前，先要用锉刀或钢刷将铜合金表层的污垢刷干净，用清水冲洗后烘干，再用砂纸将刷过的铜合金表层打磨一遍，确保铜合金表层的污垢被全部去除，再用清水冲洗一遍。若表层有油污等很难去除的杂质，可采用丙酮将其去除，丙酮去除的表面先要用清水冲洗，再用无水乙醇清洗后烘干。若要进行搅拌摩擦表面加工制备含镍铜合金改性表层，需在前面烘干的铜合金表层钻出如图 3-3 所示的小孔，将粒度为 600 μm、纯度为 99.9%的镍粉末均匀地铺洒在铜合金表层的小孔内，再用专用工具压实小孔中的镍粉末，并用石蜡封存小孔，以防止搅拌摩擦表面加工制备含镍铜合金改性表层的过程中，因搅拌头高速旋转形成的热气流吹走小孔中的镍粉末。搅拌摩擦表面加工过程的装夹采用如图 3-4 所示的方式。待前期准备工作完成后，方可进行搅拌摩擦表面加工实验。

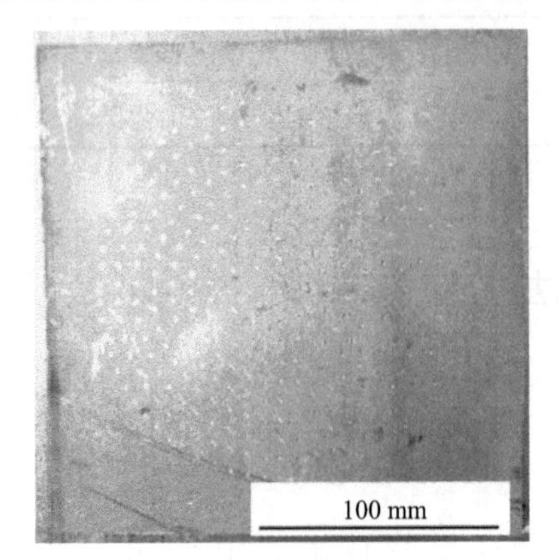

图 3-3 改性表层打孔示意图

图 3-4 搅拌摩擦表面加工制备铜合金改性表层现场照片

3.3.2 微观组织及 EBSD 的结构分析方法

如图 3-5 所示，在搅拌摩擦表面加工制备的铜合金改性表层标注的位置利用线切割机切出 10 mm×10 mm×9 mm 的试样进行金相组织分析，金相组织分析采用苏州越视精密仪器有限公司生产的 YM520R 金相显微镜，如图3-6所示。

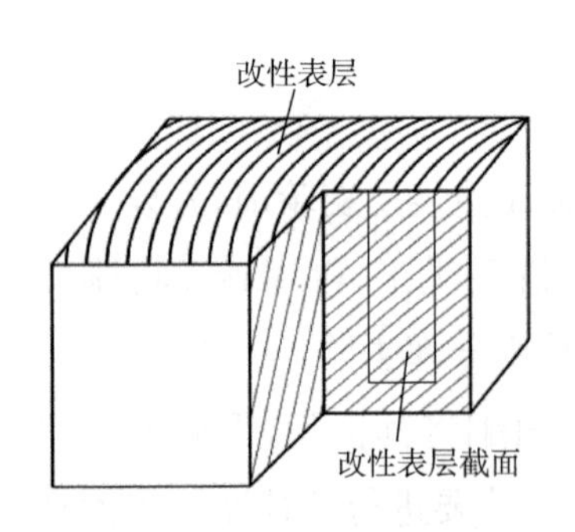

图 3-5 金相试样取样示意图

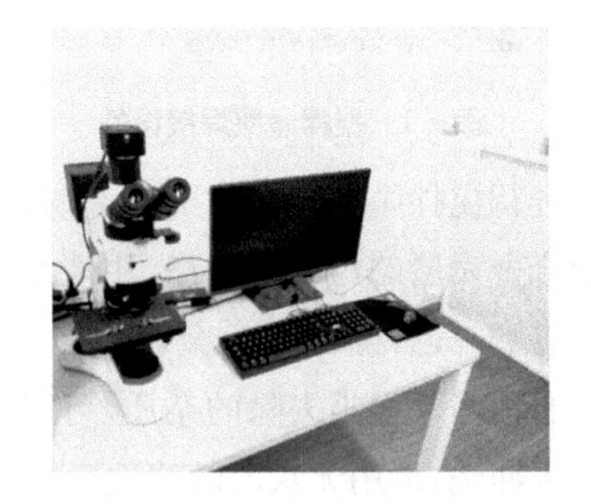

图 3-6 金相显微镜

扫描电镜(scanning electron microscope，SEM)主要用于观察铜合金搅拌摩擦表面加工不同区域磨损所引起的晶粒划痕和不同区域腐蚀所引起的晶粒变化等。图 3-7 所示为实验中选用的扫描电镜，为日本株式会社日立制作所制造的S-3400N型钨灯丝扫描电镜。

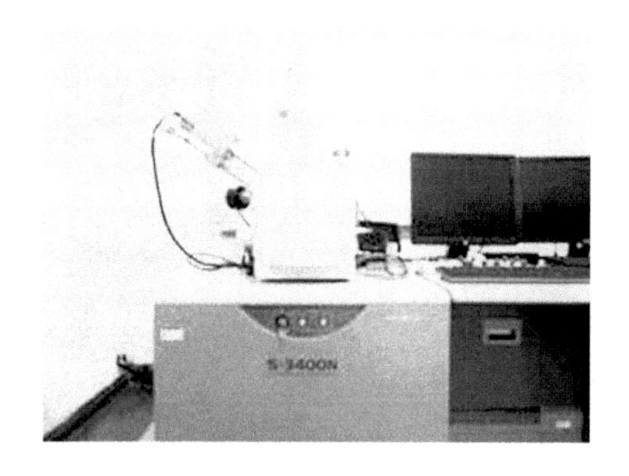

图 3-7 扫描电镜

通过电子背散射衍射(electron backscattering diffraction,EBSD)对铜合金搅拌摩擦表面加工区域的晶粒尺寸、晶界特征和动态再结晶状态等进行分析。试样的选取位置如图 3-8 所示,尺寸为 10 mm×5 mm×4 mm。本书中实验采用牛津仪器公司生产的 C-Swift 型电子背散射衍射设备,其电子图像最高分辨率为 8192×8192,取向面分布图最高分辨率为 4096×4096,图3-9为实验所用的电子背散射衍射设备。

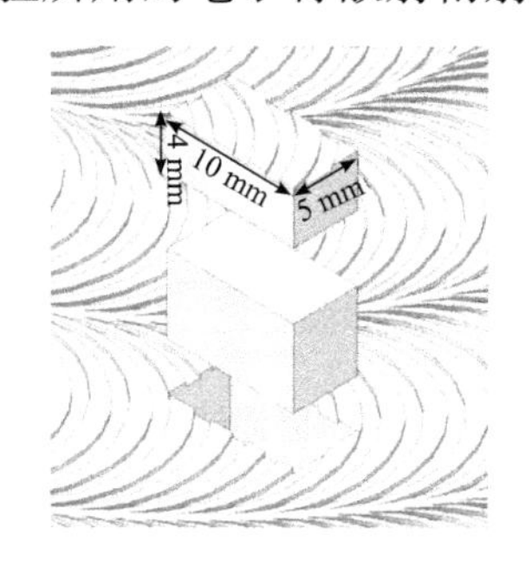

图 3-8 EBSD 试样取样示意图

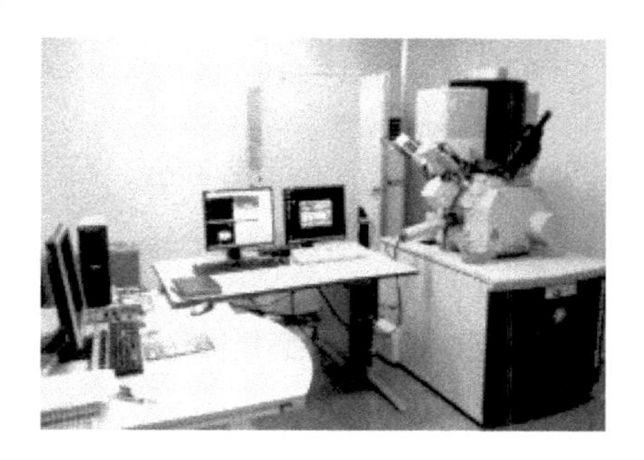

图 3-9 电子背散射衍射设备

3.3.3 力学性能分析方法

数显洛氏硬度计使用济南恒旭试验机技术有限公司生产的 HRS-150 型数显洛氏硬度计。图 3-10 所示为数显洛氏硬度计。硬度测试采用上海蔡康光学仪器有限公司生产的 HV-1000 型显微硬度测试仪,加载力为 0.3 kg,保压时间为 10 s。洛氏硬度测试位置如图 3-11 所示,每个测试点均以其为中心选择附近 3 个点进行测试,取平均值作为此点的硬度值。

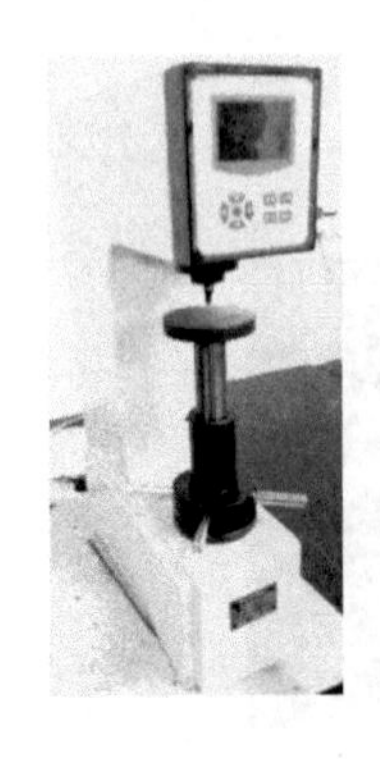

图 3-10　数显洛氏硬度计

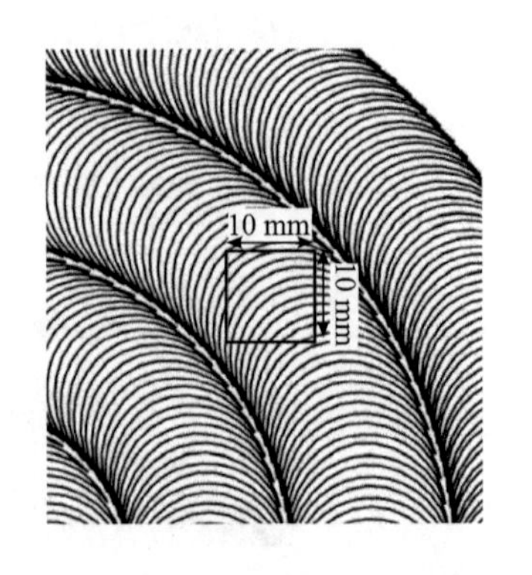

图 3-11　洛氏硬度测试点及相应位置

摩擦磨损实验采用兰州中科凯华科技开发有限公司生产的 HT-1000 型摩擦磨损试验机，如图 3-12 所示。实验采用 6 mm 钢球，旋转半径为2 mm，作用力为 600 N。磨损试样按图 3-13 所示截取，并将其表面用金相砂纸打磨成镜面，然后用无水乙醇清洗干净，烘干后再进行磨损实验。磨损测试可以选择在不同温度环境下进行。

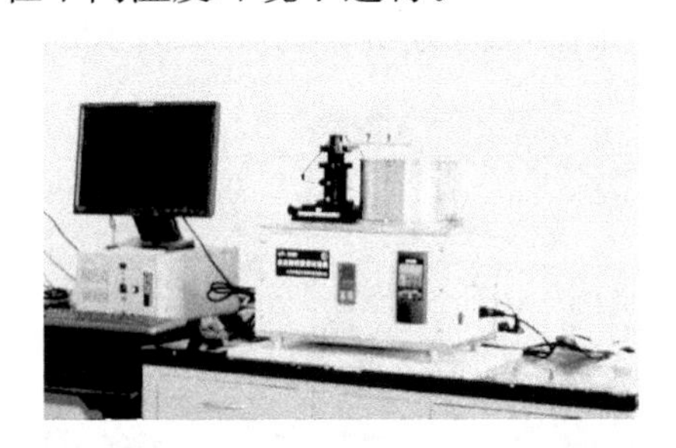

图 3-12　摩擦磨损试验机

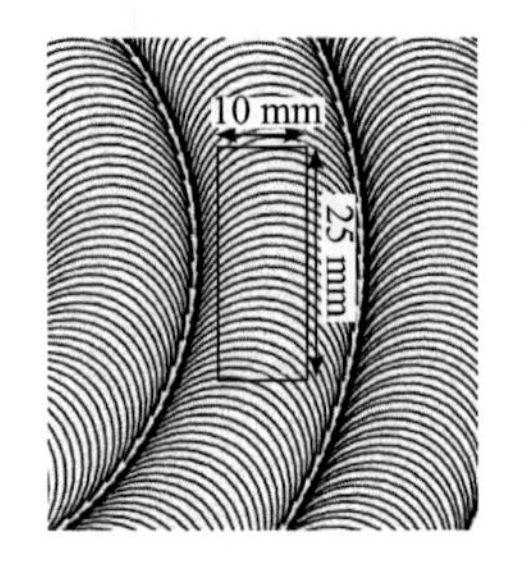

图 3-13　摩擦磨损试样取样位置

磨损试样尺寸为 15 mm×15 mm×10 mm。通过磨痕测量仪测量试样上面留有的磨痕的深度和宽度，计算磨损体积，用于表达磨损程度。磨痕测量仪如图 3-14 所示。

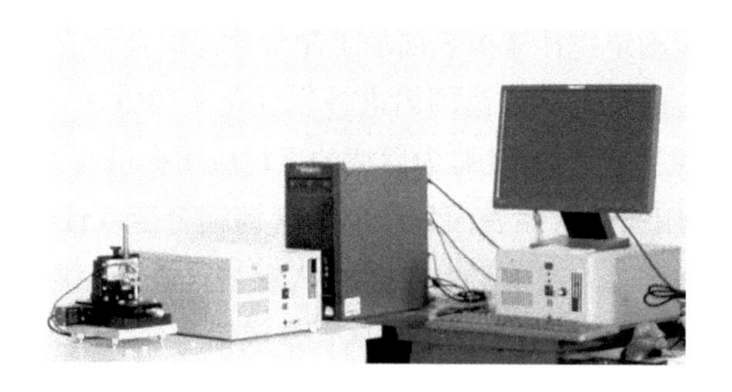

图 3-14　磨痕测量仪

根据研究对象的使用环境，本书主要对铜合金搅拌摩擦表面加工区域进行电化学腐蚀实验。电化学腐蚀试样取样位置如图 3-15 所示，取样部分的直径为10 mm。电化学腐蚀测试采用上海辰华仪器有限公司生产的 CHI660E 型电化学工作站进行实验，如图 3-16 所示。电解腐蚀溶液为 3.5% NaCl 溶液，电化学工作站实验中扫描区间为−0.2～0.2 V，扫描速率为 1 mV/s。

图 3-15　电化学腐蚀试样取样位置

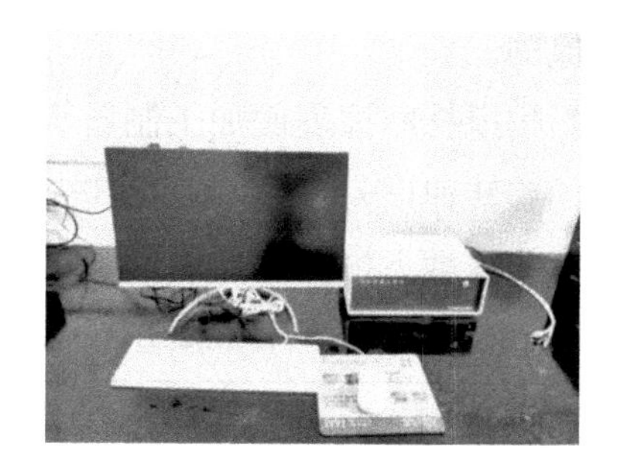

图 3-16　电化学腐蚀设备

3.4　搅拌摩擦表面加工制备含镍铜合金改性表层工艺实验

3.4.1　搅拌摩擦表面加工制备含镍铜合金改性表层工艺参数的初步确定

根据目前搅拌摩擦表面加工技术国内外研究现状，发现关于铜合金搅拌摩擦表面加工改性技术研究的相关资料较少，部分技术属于高端机密，短时间内很难得到相应的技术支持。因此，本书通过前期的大量实验以及实验后的数据分析，初步确定搅拌摩擦表面加工制备含镍铜合金改性表层的工艺参数范围，再在确定的工艺参数范围内进一步优化实验方法，最终确定出较为合理、经济有效的工艺参数范围，为后续的工程应用提供有力的保证。另外，本书中讨论的采用搅拌摩擦表面加工制备含镍铜合金改性表层与以往的改性表层有所差别，因为本次实验是通过植入镍粉末进行表层改性的，而之前仅考虑利用搅拌摩擦表面加工技术对铜合金或铝合金等的表层进行改性，这种改性是直接的，未植入任何其他元素，故本研究相对之前的研究就更为复杂，难度更大，涉及的工艺参数敏感性也就更高。为获得较理想的搅拌摩擦表面加工制备含镍铜合金改性表层工艺参数，需先进行改性工艺参数的初步确定，通过观察搅拌摩擦表面加工制备含镍铜合金改性表层过程中搅拌头的颤抖性、搅拌头的红硬性及改性表层形貌等特征，可确定初选的工艺参数范围。通常搅拌头抖动厉害、搅拌头瞬间变红、改性表层出现点状凹坑、粗糙、弧纹出现波动以及飞边较为严重等现象均是由于改性工艺参数选择不合理而造成的。

影响搅拌摩擦表面加工制备含镍铜合金改性表层的工艺参数主要有搅拌头的旋转速度 ω、搅拌头的前进速度 v 及搅拌头的下压量 Δ，表 3-5 列出了不同工艺参数下搅拌摩擦表面加工制备含镍铜合金改性表层的实际情况。

表 3-5 搅拌摩擦表面加工制备含镍铜合金表面改性层的工艺参数范围确定

序号	搅拌头的旋转速度 ω /(r/min)	搅拌头的前进速度 v/(mm/min)	搅拌头的下压量 Δ/mm	备注(过程分析)
1	200	400	0.2	搅拌头摆动幅度较大，无法实现表层下压
2	200	400	0.3	搅拌头摆动幅度较大，无法实现表层下压
3	200	400	0.4	搅拌头摆动幅度较大，无法实现表层下压
4	200	500	0.2	搅拌头摆动幅度较大，无法实现表层下压
5	200	500	0.3	搅拌头摆动幅度较大，无法实现表层下压
6	200	500	0.4	搅拌头摆动幅度较大，无法实现表层下压
7	200	600	0.2	搅拌头摆动幅度较大，无法实现表层下压
8	200	600	0.3	搅拌头摆动幅度较大，无法实现表层下压
9	200	600	0.4	搅拌头摆动幅度较大，无法实现表层下压
10	200	700	0.2	搅拌头摆动幅度较大，无法实现表层下压
11	200	700	0.3	搅拌头摆动幅度较大，无法实现表层下压
12	200	700	0.4	搅拌头摆动幅度较大，无法实现表层下压

续表

序号	搅拌头的旋转速度 ω/(r/min)	搅拌头的前进速度 v/(mm/min)	搅拌头的下压量 Δ/mm	备注(过程分析)
13	400	400	0.2	飞边严重,搅拌头轻微变红
14	400	400	0.3	飞边严重,搅拌头轻微变红
15	400	400	0.4	飞边较少,搅拌头轻微变红
16	400	500	0.2	飞边较少,搅拌头易变红
17	400	500	0.3	飞边严重,搅拌头轻微变红
18	400	500	0.4	飞边严重,搅拌头轻微变红
19	400	600	0.2	飞边较少,搅拌头轻微变红
20	400	600	0.3	飞边较少,搅拌头易变红
21	400	600	0.4	飞边严重,搅拌头轻微变红
22	400	700	0.2	飞边严重,搅拌头轻微变红
23	400	700	0.3	飞边较少,搅拌头轻微变红
24	400	700	0.4	飞边较少,搅拌头易变红
25	500	400	0.2	搅拌头易变红
26	500	400	0.3	飞边出现,搅拌头易变红
27	500	400	0.4	飞边出现,搅拌头易变红
28	500	500	0.2	飞边出现,搅拌头易变红
29	500	500	0.3	飞边出现,搅拌头轻微变红
30	500	500	0.4	飞边较少,搅拌头轻微变红
31	500	600	0.2	搅拌头轻微变红
32	500	600	0.3	飞边出现,搅拌头轻微变红
33	500	600	0.4	搅拌头易变红
34	500	700	0.2	飞边出现,搅拌头轻微变红
35	500	700	0.3	飞边较少,搅拌头轻微变红
36	500	700	0.4	搅拌头易变红
37	700	400	0.2	改性表面出现毛刺,搅拌头轻微变红
38	700	400	0.3	飞边出现,搅拌头轻微变红
39	700	400	0.4	飞边出现,搅拌头易变红
40	700	500	0.2	搅拌头轻微变红
41	700	500	0.3	搅拌头轻微变红
42	700	500	0.4	搅拌头轻微变红
43	700	600	0.2	改性表面出现较多毛刺,飞边较少,搅拌头轻微变红
44	700	600	0.3	飞边出现,搅拌头轻微变红

续表

序号	搅拌头的旋转速度 ω /(r/min)	搅拌头的前进速度 v/(mm/min)	搅拌头的下压量 Δ/mm	备注(过程分析)
45	700	600	0.4	搅拌头易变红
46	700	700	0.2	飞边出现,搅拌头轻微变红
47	700	700	0.3	飞边较少,搅拌头轻微变红
48	700	700	0.4	搅拌头易变红
49	900	400	0.2	改性表面出现少量毛刺,搅拌头轻微变红
50	900	400	0.3	飞边较少,搅拌头轻微变红
51	900	400	0.4	飞边出现,搅拌头易变红
52	900	500	0.2	飞边出现,搅拌头轻微变红
53	900	500	0.3	飞边较少,搅拌头轻微变红
54	900	500	0.4	搅拌头易变红
55	900	600	0.2	搅拌头轻微变红
56	900	600	0.3	搅拌头轻微变红
57	900	600	0.4	飞边出现,搅拌头轻微变红
58	900	700	0.2	改性表面出现毛刺,搅拌头易变红
59	900	700	0.3	飞边少许出现,搅拌头易变红
60	900	700	0.4	飞边较多,搅拌头严重变红
61	1100	400	0.2	搅拌头严重变红
62	1100	400	0.3	搅拌头严重变红
63	1100	400	0.4	搅拌头严重变红
64	1100	500	0.2	搅拌头严重变红
65	1100	500	0.3	搅拌头严重变红
66	1100	500	0.4	搅拌头严重变红
67	1100	600	0.2	搅拌头严重变红
68	1100	600	0.3	搅拌头严重变红
69	1100	600	0.4	搅拌头严重变红
70	1100	700	0.2	搅拌头严重变红
71	1100	700	0.3	搅拌头严重变红
72	1100	700	0.4	搅拌头严重变红

对表 3-5 进行分析,可以清楚地看出搅拌摩擦表面加工制备含镍铜合金改性表层较为合理的工艺参数范围是:搅拌头的旋转速度为 500～900 r/min,搅拌头的前进速度为 400～600 mm/min,搅拌头的下压量为 0.2～0.3 mm,其中,下压量的影响较小。为了获得较好的搅拌摩擦表面加

工制备含镍铜合金改性表层，同时又确保搅拌头的安全可靠，对上述工艺参数进行初步筛选，并通过实验检验，最终确定适合搅拌摩擦表面加工制备含镍铜合金改性表层的工艺参数为：搅拌头的旋转速度分别为500 r/min、600 r/min、700 r/min、800 r/min 和 900 r/min，搅拌头的前进速度为500 mm/min（通过选择不同的搅拌头旋转速度和下压量进行实验研究，发现搅拌头的前进速度为500 mm/min时，搅拌头工作较为平稳，故在本书研究中确定搅拌头前进速度为500 mm/min），下压量为 0.3 mm。本书后续的研究均在上述工艺参数下进行，并通过该工艺参数进行搅拌摩擦表面加工制备含镍铜合金改性表层的实验，分析各搅拌摩擦表面加工制备的含镍铜合金改性表层的组织、硬度、耐磨性、耐腐蚀性及 EBSD 结果等，以获得相应的工艺方案，为后续的工程应用提供参考。

3.4.2　搅拌摩擦表面加工制备含镍铜合金改性表层的工艺方法

为采用搅拌摩擦表面加工制备出含镍性能好的铜合金改性表层，本书通过实验对多种工艺方法进行筛选，最终确定出表 3-6 中列出的两种搅拌摩擦表面加工制备含镍铜合金改性表层的工艺方法。

表 3-6　搅拌摩擦表面加工制备含镍铜合金改性表层的两种不同工艺方法

工艺方法编号	不同工艺方法描述	不同工艺方法示意图
1	改性面每一圈的偏移量为 5 mm	

续表

工艺方法编号	不同工艺方法描述	不同工艺方法示意图
2	改性面每一圈的偏移量为 15 mm	

除了搅拌摩擦表面加工制备含镍铜合金改性表层的工艺方法的不同，后续研究中，还会在两种不同搅拌摩擦表面加工制备含镍铜合金改性表层的工艺方法下，采用不同的工艺参数制备含镍铜合金改性表层，表 3-7 为第 1 种工艺方法在不同改性工艺参数下的分组情况，表 3-8 为第 2 种工艺方法在不同工艺参数下的分组情况。

表 3-7 第 1 种工艺方法下不同工艺参数搅拌摩擦表面加工制备含镍铜合金改性表层分组

序号	搅拌头的旋转速度 ω/(r/min)	搅拌头的前进速度 v/(mm/min)	搅拌头的下压量 Δ/mm	搅拌头改性面每一圈的偏移量 t/mm	搅拌头直径 d/mm
1	500	500	0.3	5	18
2	600				
3	700				
4	800				

表 3-8 第 2 种工艺方法下不同工艺参数搅拌摩擦表面加工制备含镍铜合金改性表层分组

序号	搅拌头的旋转速度 ω/(r/min)	搅拌头的前进速度 v/(mm/min)	搅拌头的下压量 Δ/mm	搅拌头改性面每一圈的偏移量 t/mm	搅拌头直径 d/mm
1	500	500	0.3	15	18
2	600				
3	700				
4	800				
5	900				

后续将采用以上两种工艺方法进行含镍铜合金改性表层的试样制备，并将制备的试样按照本章所提出的实验方法进行相应的组织、硬度、耐磨性、耐腐蚀性以及 EBSD 结果分析。

3.5 本章小结

(1)给出搅拌摩擦表面加工制备含镍铜合金改性表层的相关实验装备、实验方法以及制备的改性表层的性能测试仪器及测试方法，确保搅拌摩擦表面加工制备含镍铜合金改性表层性能测试的稳定性和可靠性。

(2)通过大量实验获得搅拌摩擦表面加工制备含镍铜合金改性表层的工艺参数初定范围，并在初定范围内通过实验确定最终的改性工艺参数值。

(3)确定搅拌摩擦表面加工制备含镍铜合金改性表层的两种工艺方法。

第4章　搅拌摩擦表面加工制备含镍铜合金改性表层性能分析

4.1　引言

确定搅拌摩擦表面加工制备含镍铜合金改性表层的工艺方法和工艺参数是研究改性表层性能的前提条件。本章选用第3章中筛选出的工艺参数制备含镍铜合金改性表层，并选用两种不同的改性工艺方法进行搅拌摩擦表面加工制备含镍铜合金改性表层试样，并进一步分析含镍铜合金改性表层的组织、硬度、耐磨性、耐腐蚀性及电子背散射衍射结果。

4.2　搅拌摩擦表面加工制备含镍铜合金改性表层组织分析

4.2.1　铜合金改性表层的宏观结构分析

图4-1是在第1种工艺方法下，即搅拌头前进速度为500 mm/min、搅拌头下压量为0.3 mm、搅拌头偏移量为5 mm、搅拌头直径为18 mm的固定前提下，不同旋转速度的搅拌头进行搅拌摩擦表面加工制备含镍铜合金改性表层试样宏观结构。图4-1中各试样的宏观结构均展示了同心圆制备的改性表层，且各试样中均有一道痕迹与最终改性末端的圆在一条直线上，该痕迹为每圈改性圆的起始点，同时也是上一圈改性圆的结束点。

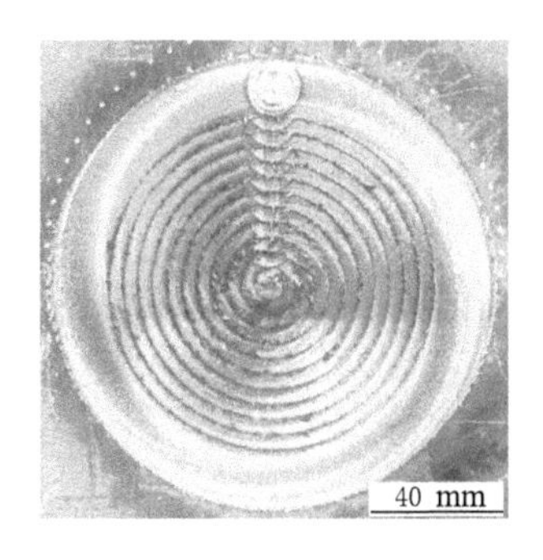

(a)试样 1(ω=500 r/min)

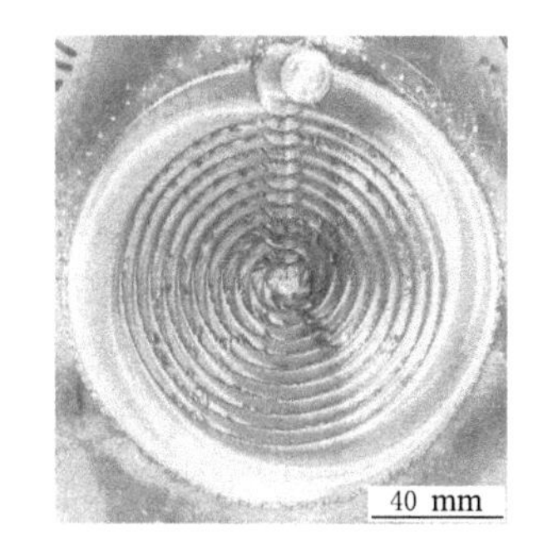

(b) 试样 2(ω=600 r/min)

扫码看彩图

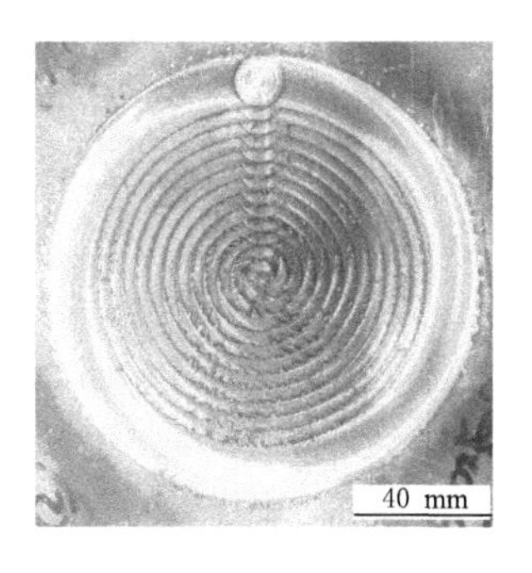

(c)试样 3(ω=700 r/min)

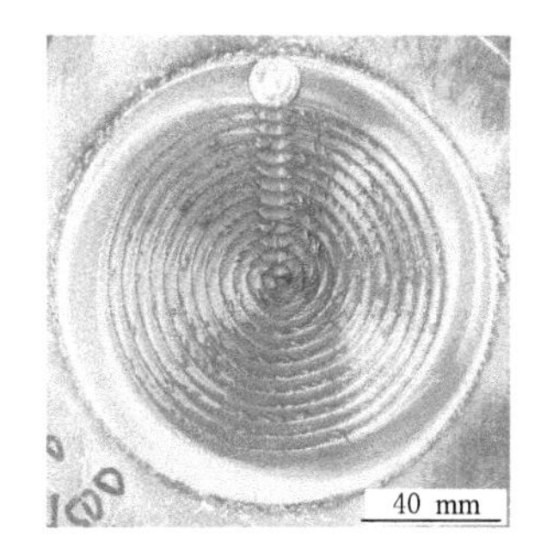

(d) 试样 4(ω=800 r/min)

图 4-1　第 1 种工艺方法下铜合金改性表层宏观结构

图 4-2 是在第 2 种工艺方法下，即搅拌头前进速度为 500 mm/min、搅拌头下压量为 0.3 mm、搅拌头偏移量为 15 mm、搅拌头直径为18 mm的固定前提下，不同旋转速度的搅拌头进行搅拌摩擦表面加工制备含镍铜合金改性表层试样宏观结构。图 4-2 中各试样的宏观结构均展示了同心圆制备的改性表层，且各试样中均有一道痕迹与最终的改性末端的圆在一条直线上，该痕迹为每圈改性圆的起始点，同时也是上一圈改性圆的结束点。但图 4-2 中的痕迹要明显大于图 4-1 中的痕迹，这与搅拌头偏移量 t 有着直接的关系。

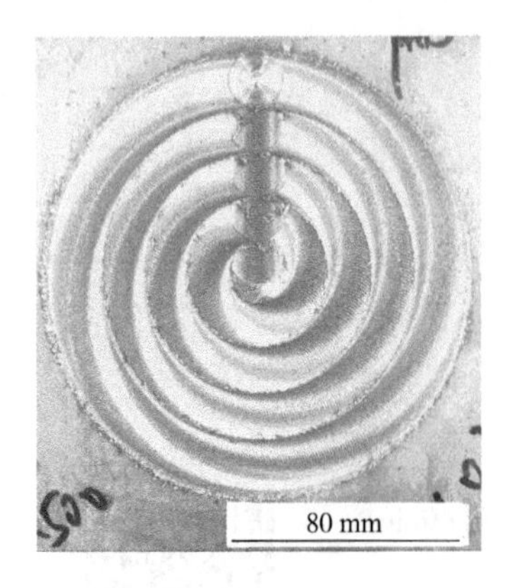

(a)试样 1(ω=500 r/min)

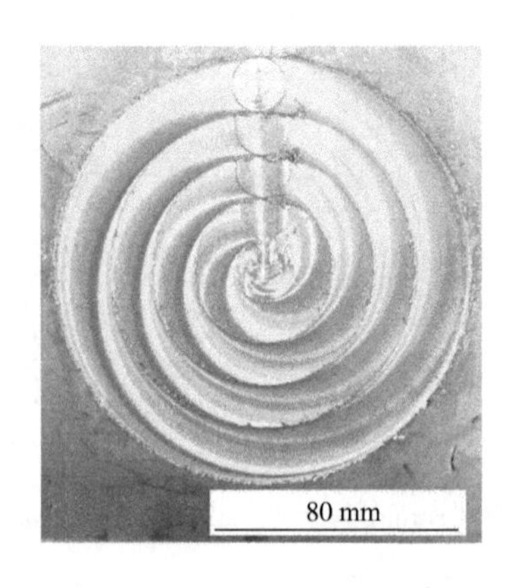

(b) 试样 2(ω=600 r/min)

扫码看彩图

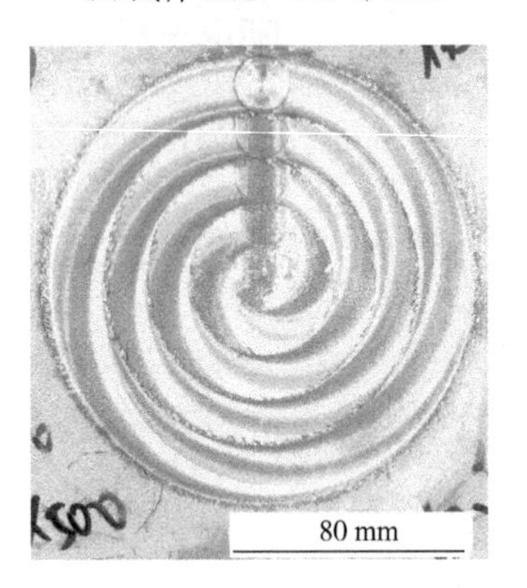

(c)试样 3(ω=700 r/min)

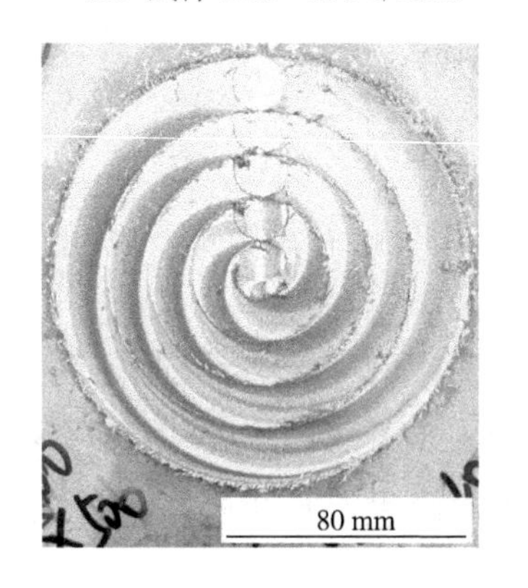

(d) 试样 4(ω=800 r/min)

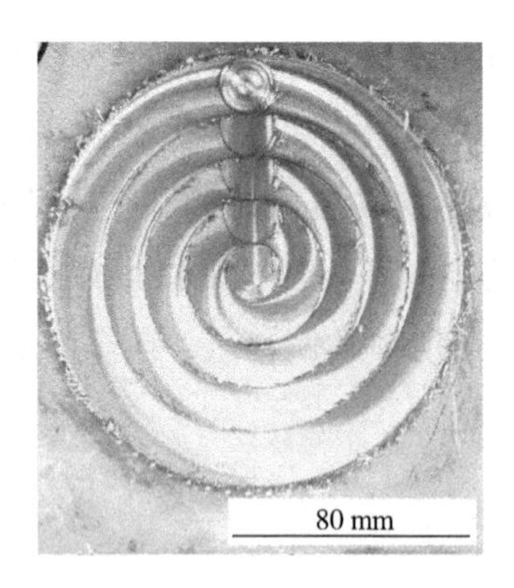

(e) 试样 5(ω=900 r/min)

图 4-2 第 2 种工艺方法下铜合金改性表层宏观结构

图 4-1 中利用第 1 种工艺方法获得的不同工艺参数下的搅拌摩擦表面

加工制备含镍铜合金改性表层的宏观结构，比图 4-2 中利用第 2 种工艺方法获得的铜合金改性表层的颜色要深，这充分说明利用第 1 种工艺方法进行搅拌摩擦表面加工制备含镍铜合金改性表层时产生了更多的摩擦热，改性表层的温度更高，改性表层出现表面热处理后的红润颜色，在日光下观察，颜色明显变深。深入分析可知，采用第 1 种工艺方法进行搅拌摩擦表面加工制备含镍铜合金改性表层时，搅拌头偏移量为 5 mm，而搅拌头直径为 18 mm，这相当于在进行第二圈改性过程中有与第一圈改性区域重叠的部分，该部分实现二次改性，产生较高的摩擦热，但又因搅拌头的覆盖挤压，较高的摩擦热难以通过空气传出，导致停留在改性表层的温度上升，相当于对改性表层进行了一定程度的表面热处理，从而出现了图 4-1 中的深黄色。

4.2.2　铜合金改性表层的微观组织分析

图 4-3 所示为 H63 铜合金母材金相组织照片。从图 4-3 中可以清楚地看到铜合金的晶粒尺寸变大，而且呈扁长形状，这是因为铜合金是轧制而成的，在轧制过程中，铜合金晶粒受到挤压力作用，造成铜合金晶粒破裂、拉长，最终在显微镜下呈现为条状扁形晶粒状。

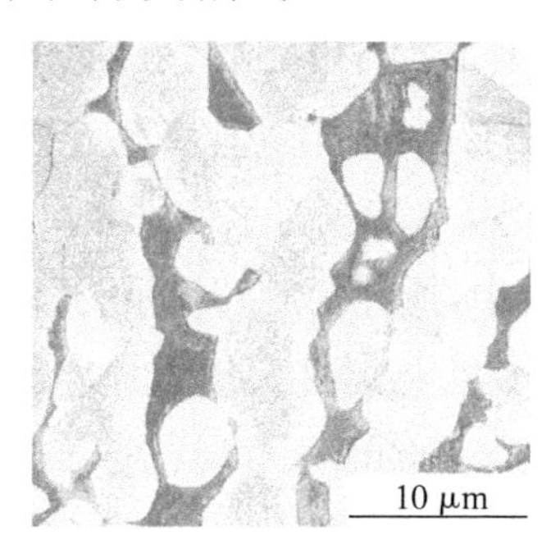

图 4-3　H63 铜合金母材金相组织照片

1. 第 1 种工艺方法下铜合金改性表层微观组织分析

图 4-4 是在第 1 种工艺方法下，即搅拌头前进速度为 500 mm/min、搅拌头下压量为 0.3 mm、搅拌头偏移量为 5 mm、搅拌头直径为 18 mm 的固定前提下，不同旋转速度的搅拌头进行搅拌摩擦表面加工制备含镍铜合金改性表层试样的金相组织照片。

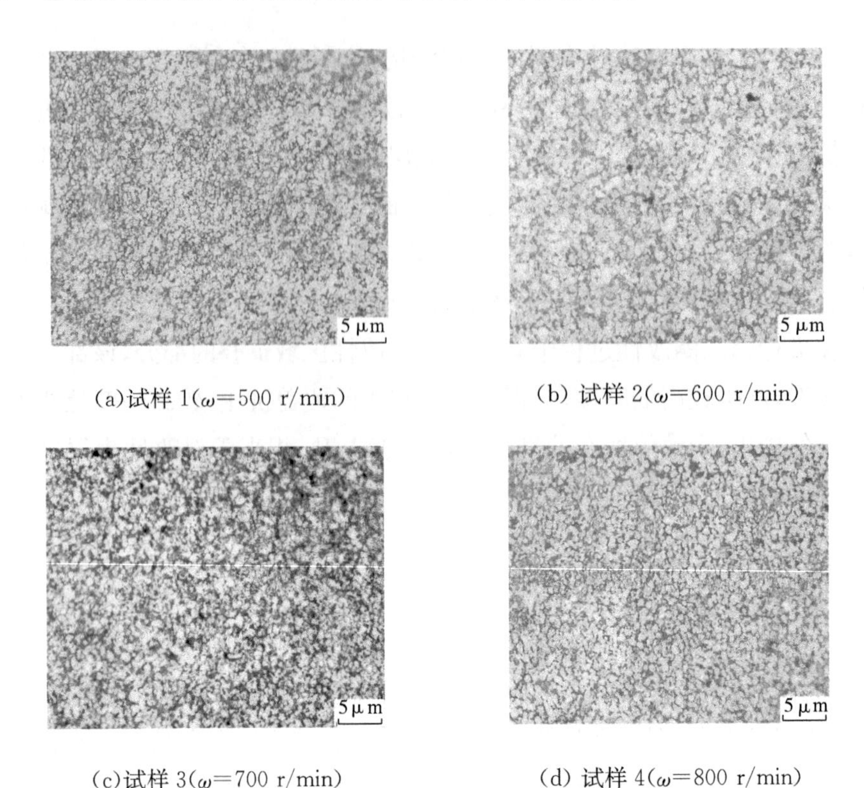

(a)试样 1(ω=500 r/min)　(b) 试样 2(ω=600 r/min)

(c)试样 3(ω=700 r/min)　(d) 试样 4(ω=800 r/min)

图 4-4　第 1 种工艺方法下各改性表层试样的金相组织

从图 4-4 中可以清楚地看出，在第 1 种工艺方法下，不同旋转速度的搅拌头进行搅拌摩擦表面加工制备含镍铜合金改性表层试样的晶粒均比铜合金母材的晶粒要细化和均匀，其中，搅拌头旋转速度为 500 r/min 时获得的试样晶粒最小，如图 4-4(a)所示，其次是搅拌头旋转速度为 600 r/min、700 r/min 和 800 r/min 获得的试样晶粒，分别如图4-4(b)、图4-4(c)和图 4-4 (d)所示。这是因为使用第 1 种工艺方法会造成局部改性区域出现二次重复改性，当搅拌头旋转速度增大到 700 r/min 和 800 r/min 时，单纯从工艺参数角度来看，搅拌头旋转速度不算太高，搅拌过程中也不会产生过高的摩擦热，但当搅拌头旋转速度配合第 1 种工艺方法，并在搅拌摩擦表面加工制备含镍铜合金改性表层的过程中重复作用于改性道次时，会导致改性过程中改性表层产生较多的摩擦热，这种高温摩擦热在改性过程中难以与空气及时地进行热交换，无法有效降低改性表层的温度，改性表层的晶粒也因摩擦热大而再次结晶并二次长大，又由于摩擦热无法得到有效散发，晶粒的再结晶和二次长大现象难以得到控制。

图 4-5 是在第 1 种工艺方法下，获得的搅拌摩擦表面加工制备含镍铜合金改性表层截面的金相组织。从图 4-5 中可以清楚地看出，搅拌摩擦表面加工制备含镍铜合金改性表层截面的金相组织较为均匀，这说明在搅拌摩擦表面加工制备含镍铜合金改性表层时发生了明显的晶粒动态再结晶过程。从图 4-5 右边的金相组织来看，上方的铜合金改性核心区的晶粒细化最为明显，且以均匀的等轴晶形态出现；再往下看到的是热影响区的金相组织，该区域晶粒要比改性核心区的略大，但仍然可以看出其分布还是较为均匀的；在热影响区的下端是与铜合金母材相连的过渡区域，这一区域的金相组织虽被细化，但晶粒中混有拉长的晶粒，这充分说明该区域的金属在搅拌头强大的搅拌扭转综合作用力下出现了搅拌挤压拉长现象。

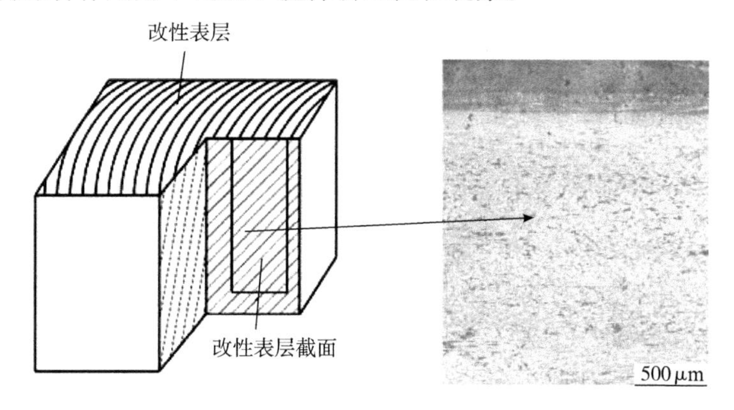

图 4-5　第 1 种工艺方法下改性表层截面的金相组织

在利用第 1 种工艺方法获得的搅拌摩擦表面加工制备含镍铜合金改性表层中出现大量的拉长晶粒，这是因为第 1 种工艺方法采用的搅拌头偏移量为 5 mm，这相当于每圈的改性区域都经过了两次同向的搅拌摩擦表面加工，在较大的搅拌头作用力下产生了大量的摩擦热，导致搅拌摩擦表面加工制备含镍铜合金改性表层的金属塑化程度得到大大提高，在搅拌头高速旋转挤压过程中，所挤压的塑化金属中的晶粒极易被挤压拉长。

搅拌摩擦表面加工制备的含镍铜合金改性表层在搅拌头搅拌摩擦下生热塑化的过程是一个复杂的物理化学反应过程，改性表层塑化金属在这一过程中受到来自多方挤压力(如搅拌头底部挤压、周围基材挤压等)的综合作用。从图 4-5 金相组织中还可以清楚地看到被改性区域的铜合金表层金相组织从上到下的改变是逐步分层实现的，这充分说明在改性过程中改性表层与铜合金母材之间存在一个过渡区，最下面的组织保持母材的原始状态，即挤压长条形状，这是典型的冷轧制板材的金相组织结构。因此，搅拌摩擦表面加工制备含镍铜合金改性表层能很好地保护内部铜合金的母材，同时，也有效地保证改性表层与内部铜合金母材的可靠过渡，真正意义上实现制备改性表层的性能梯度呈现，保证了搅拌摩擦表面加工制备含镍铜合金改性表层材料能在海洋、污染及其他恶劣环境下的工程应用。

2. 第 2 种工艺方法下铜合金改性表层微观组织分析

图 4-6 是在第 2 种工艺方法下，即搅拌头前进速度为 500 mm/min、搅拌头下压量为 0.3 mm、搅拌头偏移量为 15 mm、搅拌头直径为 18 mm 的固定前提下，搅拌头旋转速度分别为 500 r/min、600 r/min、700 r/min、800 r/min 和900 r/min时获得的搅拌摩擦表面加工制备含镍铜合金改性表层试样的金相组织。将图 4-6 中各试样的金相组织与图 4-3 中铜合金母材的金相组织对比发现，经过搅拌摩擦表面加工制备的含镍铜合金改性表层的晶粒得到了极大的细化，这是由于在搅拌摩擦表面加工制备含镍铜合金改性表层过程中，搅拌头高速旋转和挤压使搅拌头区域的塑化铜合金基材因搅拌摩擦热发生了晶粒动态再结晶，从而使搅拌区域的塑化金属晶粒细化。

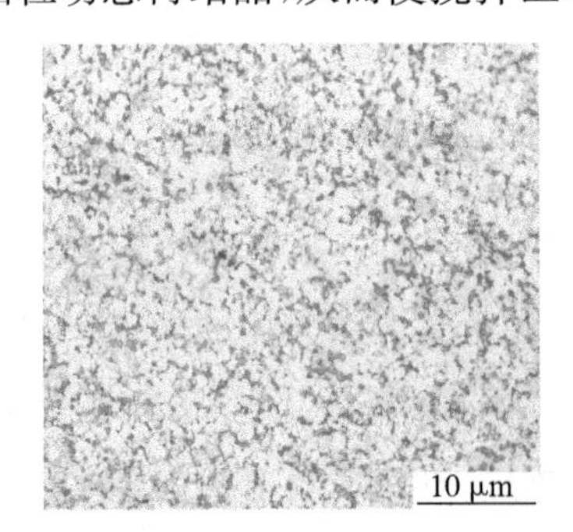

(a)试样 1(ω=500 r/min)

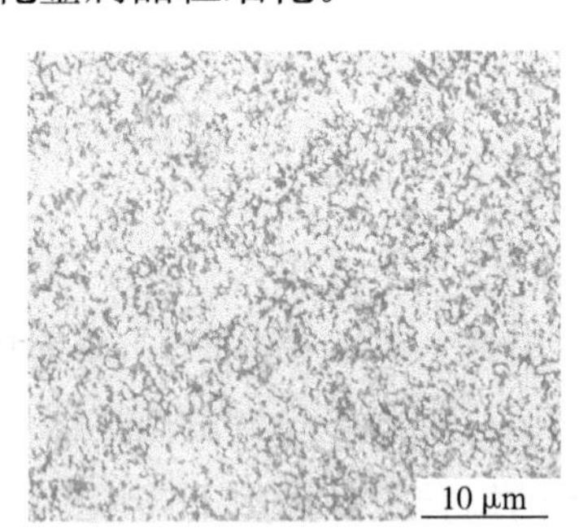

(b)试样 2(ω=600 r/min)

图 4-6　第 2 种工艺方法下各改性表层试样的金相组织

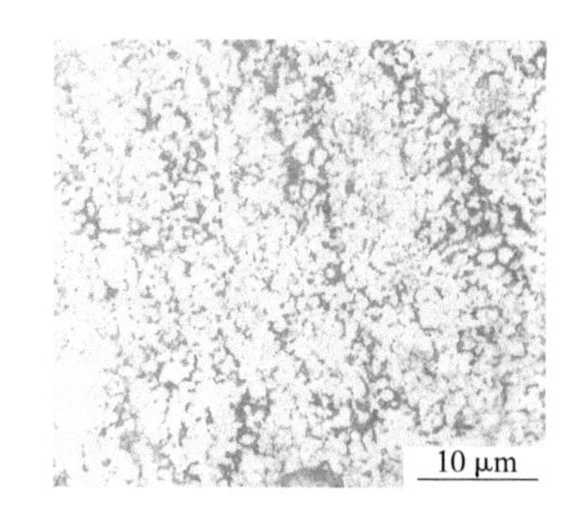

(c)试样 3(ω=700 r/min)

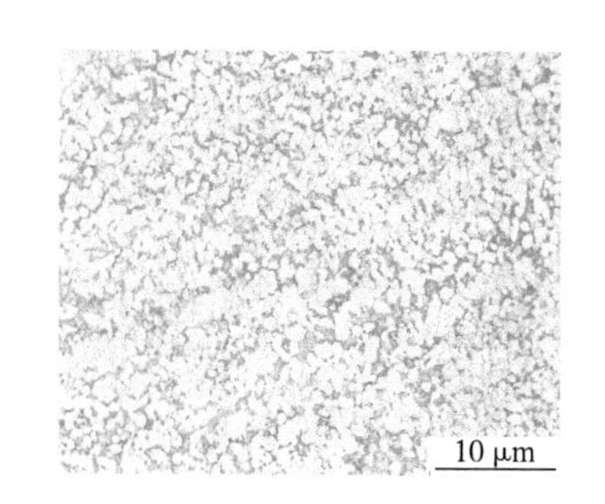

(d)试样 4(ω=800 r/min)

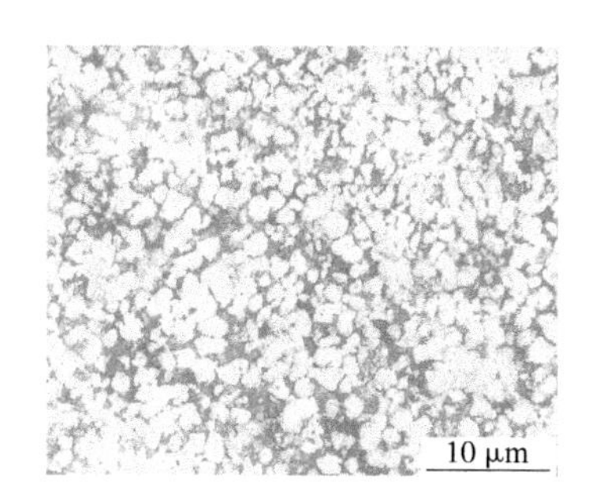

(e)试样 5(ω=900 r/min)

图 4-6　第 2 种工艺方法下各改性表层试样的金相组织(续)

在不同的搅拌头旋转速度下,获得的改性表层晶粒细化的程度也有所不同。如图 4-6(a)和图 4-6(b)所示,当搅拌头旋转速度为 500 r/min 和 600 r/min时,获得的改性表层的晶粒相对较细;如图4-6(c)、图 4-6(d)和图 4-6(e)所示,随着搅拌头的旋转速度不断从 700 r/min 向上增加,晶粒逐渐出现变大现象。这是因为搅拌头旋转速度为 500 r/min 和 600 r/min 时,搅拌摩擦表面加工制备铜合金改性表层过程会产生大量的摩擦热,促使改性区域的金属发生再结晶,从而使晶粒得到细化。随着搅拌头的旋转速度不断增加,搅拌头摩擦产生的摩擦热也逐渐增加,由于多余的摩擦热不能及时与外界交换,促使细化的晶粒再次长大,这与后续章节中关于搅拌摩擦表面加工制备铜合金表层的 EBSD 结果中的晶粒尺寸分析结果相一致。

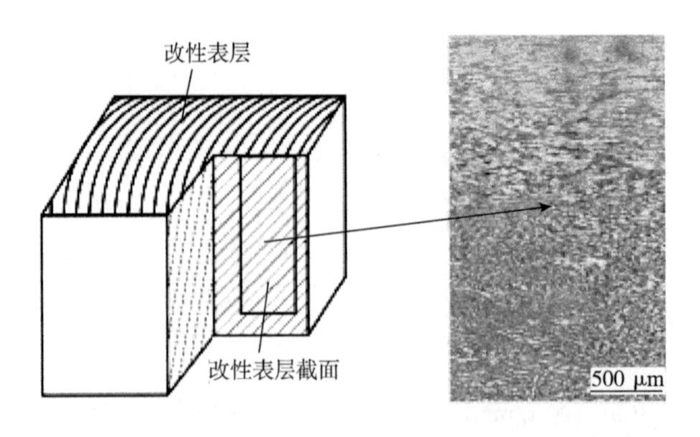

图 4-7 第 2 种工艺方法下改性表层截面的金相组织

图 4-7 是在第 2 种工艺方法下，获得的搅拌摩擦表面加工制备含镍铜合金改性表层截面的金相组织照片。对比图 4-7 和图 4-5 可以清楚地看到，第 2 种工艺方法下获得的搅拌摩擦表面加工制备含镍铜合金改性表层晶粒大小由上到下的变化与第 1 种工艺方法下的变化基本相似，晶粒都是由上而下发生由细小到粗大的变化，但这两种工艺方法获得的搅拌摩擦表面加工制备含镍铜合金改性表层的相同区域的晶粒大小还是存在明显差别的。从图 4-7 还可以清楚地看到，经过搅拌摩擦表面加工制备的含镍铜合金改性表层的晶粒细化较为均匀，说明搅拌摩擦表面加工制备含镍铜合金改性表层的性能也较为均衡。在搅拌摩擦表面加工制备含镍铜合金改性过程中明显地发生了金属动态再结晶，致使铜合金改性表层晶粒实现了细化。从图 4-7 右侧的金相组织由上到下的形态来看，在最上方的铜合金改性核心区晶粒呈现出均匀细化状态，且晶粒多以等轴晶形式出现；从改性核心区向下观察热影响区，发现热影响区的晶粒相对核心区要略大一些，晶粒大小也较为均匀，但这部分的晶粒相对于第 1 种工艺方法获得的铜合金改性表层热影响区晶粒还是要粗大一些。沿着热影响区晶粒再向下观察，发现这一区域的晶粒变化趋势要比第 1 种工艺方法更为明显，但晶粒拉长现象没有第 1 种工艺方法那样突出，这是因为在第 2 种工艺方法下搅拌摩擦表面加工制备含镍铜合金改性表层过程中，搅拌头每圈的偏移量为 15 mm，这样的偏移量确保搅拌摩擦表面加工制备含镍铜合金改性表层时搅拌头在同一区域仅旋转挤压表层一次，不会出现像第 1 种工艺方法那样重复改性的过程。因此，在同一区域搅拌头的重复作用力将大大降低，产生的摩擦热就少，金属塑化的程度也减弱，相比第

1 种工艺方法缩短了搅拌摩擦表面加工制备时间，对铜合金表层改性金属的搅拌挤压力产生的机械变形量也相对较少，获得表层的晶粒挤压变形量也就相对较少，故不会产生大量的条状晶粒。

4.3 搅拌摩擦表面加工制备含镍铜合金改性表层硬度分析

本节将对两种工艺方法下不同工艺参数获得的搅拌摩擦表面加工制备含镍铜合金改性表层进行硬度测试分析，并将结果与铜合金母材的硬度进行对比分析研究。

表 4-1 给出了两种工艺方法下，不同工艺参数搅拌摩擦表面加工制备的含镍铜合金改性表层的硬度值。其中 H63 铜合金母材的硬度值为 142.6 $HV_{0.3}$。

表 4-1　两种工艺方法下不同工艺参数搅拌摩擦表面加工制备的改性层表面及母材的硬度值

试样编号	工艺方法	硬度值($HV_{0.3}$)
1	1	197.1
2		180.4
3		174.3
4		167.3
1	2	185.6
2		180.6
3		174.3
4		160.8
5		156.1
母材		142.6

从表 4-1 可以清楚地看出，两种工艺方法下，不同工艺参数制备的含镍铜合金改性表层的硬度均比母材高。通过第 1 种工艺方法制备的铜合金改性表层试样 1(搅拌头旋转速度为 500 r/min)的硬度值最高，达 197.1 $HV_{0.3}$，其次是试样 2(搅拌头旋转速度为 600 r/min)，其硬度值为

180.4 $HV_{0.3}$。通过第1种工艺方法制备的铜合金改性表层试样3(搅拌头转速为700 r/min)和试样4(搅拌头转速为800 r/min)的硬度值相对试样1和试样2要略低一些,分别为174.3 $HV_{0.3}$和167.3 $HV_{0.3}$,这与前面金相组织的分析结果相一致。即晶粒越均匀、细小,获得的硬度值越大;晶粒越粗大、不均匀,获得的硬度值相对要小一些。通过第2种工艺方法制备的铜合金改性表层试样1(搅拌头旋转速度为500 r/min)和试样2(搅拌头旋转速度为600 r/min)的硬度值均在180 $HV_{0.3}$以上,这两组晶粒的细化程度最为明显且细化均匀。通过第2种工艺方法制备的铜合金改性表层试样3(搅拌头旋转速度为700 r/min)、试样4(搅拌头旋转速度为800 r/min)和试样5(搅拌头旋转速度为900 r/min)的硬度值分别为174.3 $HV_{0.3}$、160.8 $HV_{0.3}$和156.1 $HV_{0.3}$,均高于母材的硬度值。其中试样5(搅拌头旋转速度为900 r/min)的硬度最低,这是因为试样5的搅拌头旋转速度为900 r/min,在进行搅拌摩擦表面加工制备铜合金改性表层时产生了大量的摩擦热,致使改性区域的金属发生晶粒再结晶而二次长大,促使改性区的晶粒变得粗大、均匀性降低,硬度值下降,这与前面章节分析的金相组织结果相一致。

通过表4-1中的数值分析发现,经过搅拌摩擦表面加工制备的含镍铜合金改性表层的最高硬度来自在第1种工艺方法下,搅拌头旋转速度为500 r/min时获得的试样,硬度值为197.1 $HV_{0.3}$,约比母材的硬度值高38%。经过搅拌摩擦表面加工制备的含镍铜合金改性表层的最低硬度来自在第2种工艺方法下,当搅拌头旋转速度为900 r/min时获得的试样,硬度值为156.1 $HV_{0.3}$,约比母材的硬度值高9.5%。以上数据充分说明采用搅拌摩擦表面加工制备含镍铜合金改性表层能够提高铜合金表层硬度,且这种改性方法较为稳定,效果良好。

4.4 搅拌摩擦表面加工制备含镍铜合金改性表层耐磨性分析

干滑动摩擦磨损是一种特殊的磨损形式,由于摩擦过程中摩擦热的介入,摩擦副处于很高的温度,其磨损行为主要表现为三种现象:滑动表面光滑区域的黏着,磨粒和硬质粗糙对对偶面的犁削以及粗糙表面的变形。一般来说,三种现象中,犁削及表面变形对总摩擦行为的影响比黏着要大。

图 4-8 为铜合金母材的摩擦系数曲线图。从图 4-8 中可以看到，在 0.3 min 时铜合金母材的摩擦系数急剧增加，1 min 以后逐渐趋于稳定状态。铜合金母材的摩擦系数为 0.38。

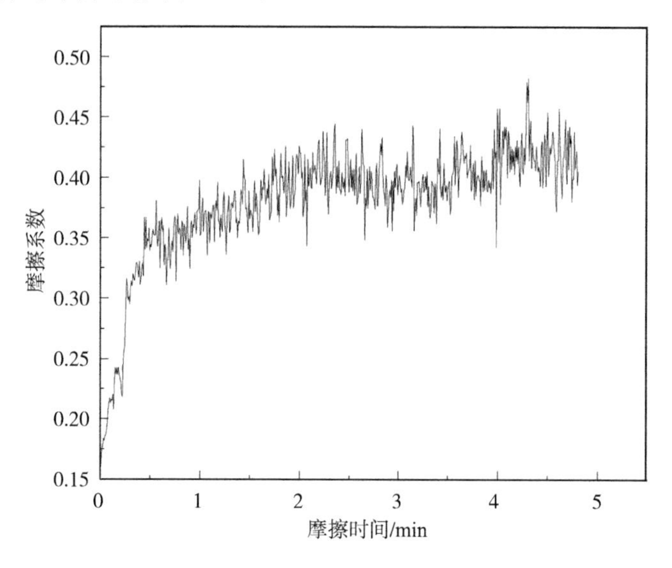

图 4-8　铜合金母材的摩擦系数曲线

图 4-9 是铜合金母材在摩擦磨损试验后的磨痕。从图 4-9 中可以清楚地看到，铜合金母材的磨痕主要以条纹形犁痕为主，局部区域出现了剥离褶皱和坑点。

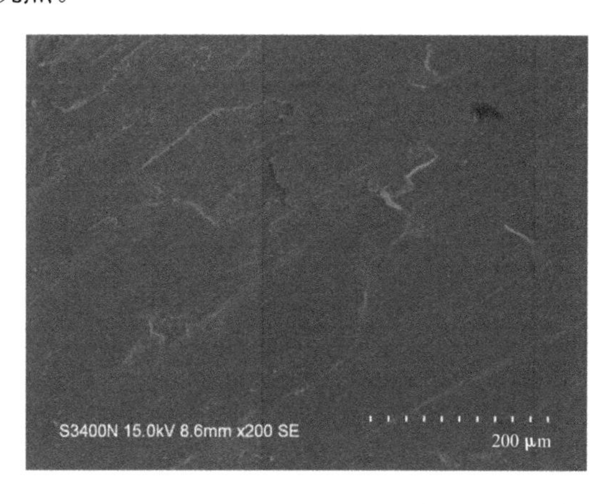

扫码看彩图

图 4-9　铜合金母材的磨痕

铜合金母材的磨损形貌呈现出的是典型的铸造和轧制板材摩擦磨损的

特征形貌，即前面描述的条纹形犁痕伴随剥离褶皱和坑点的特征形貌。

4.4.1　第1种工艺方法下不同工艺参数制备的改性表层试样耐磨性分析

图4-10是在第1种工艺方法下，即搅拌头前进速度为500 mm/min、搅拌头下压量为0.3 mm、搅拌头偏移量为5 mm、搅拌头直径为18 mm的固定前提下，不同工艺参数（不同搅拌头旋转速度）制备的含镍铜合金改性表层试样的摩擦系数曲线。

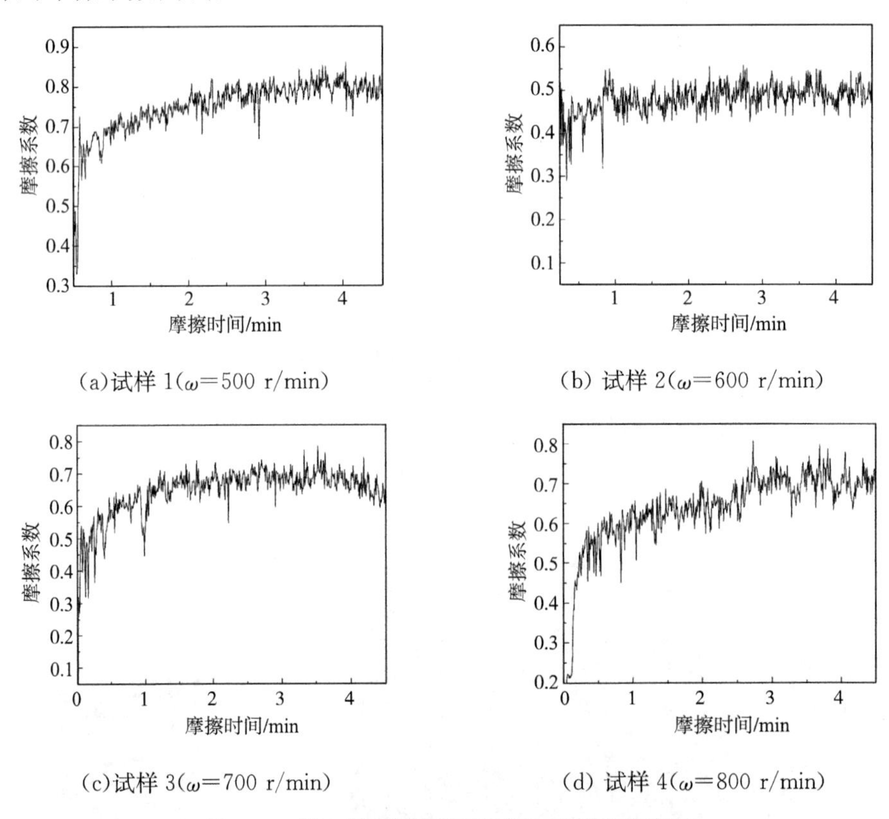

(a)试样1(ω=500 r/min)　　(b) 试样2(ω=600 r/min)

(c)试样3(ω=700 r/min)　　(d) 试样4(ω=800 r/min)

图4-10　第1种工艺方法下不同工艺参数制备的含镍铜合金改性表层试样的摩擦系数曲线

从图4-10中可以清楚地看出，在第1种工艺方法下，当搅拌头的旋转速度为600 r/min时，获得的试样的摩擦系数最小，为0.46。与前面的金相组织和硬度分析一样，随着搅拌头旋转速度的增加，获得的试样的摩擦系数有增大的趋势，这是因为在第1种工艺方法下，搅拌摩擦表面加工制含镍铜合金改性表层已出现二次重复改性，过多地产生了摩擦热，使得动态再结晶的晶粒因温度升高而再次长大。而理论上，采用第 1 种工艺方法，选用搅拌头旋转速度为 500 r/min 时获得的改性表层试样的摩擦系数更小，因为其晶粒细化程度和硬度均比其他几个参数下获得的试样好，而实际中却呈现出相反的结果。经分析发现，当搅拌头旋转速度为 500 r/min 时，其搅拌摩擦过程中产生的热量较少，塑化金属的程度较低，又由于热量处于一种上浮状态，表层温度较高，底部温度较低，故在搅拌摩擦表面加工制备含镍铜合金改性表层时，其表面的金属塑化程度高，在搅拌头挤压作用下形成了一层致密的浅改性层。这种浅改性层在金相组织分析和硬度测试中均表现出良好的效果，摩擦磨损实验需要在一定的时间内磨去大量的表层，致使其致密的浅改性层被磨掉，留下因热量不足而形成的致密性差的改性中层，该试样的摩擦系数也因此而增大。

图 4-11 是在第 1 种工艺方法下，不同工艺参数(不同搅拌头旋转速度)制备的含镍铜合金改性表层试样摩擦磨损试验后的磨痕。

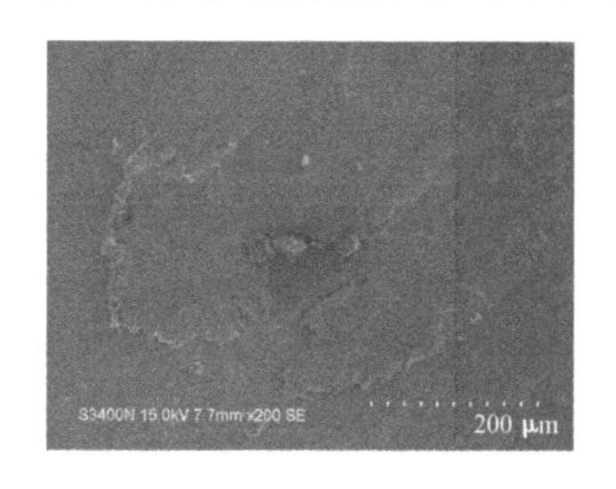

(a)试样 1(ω=500 r/min)

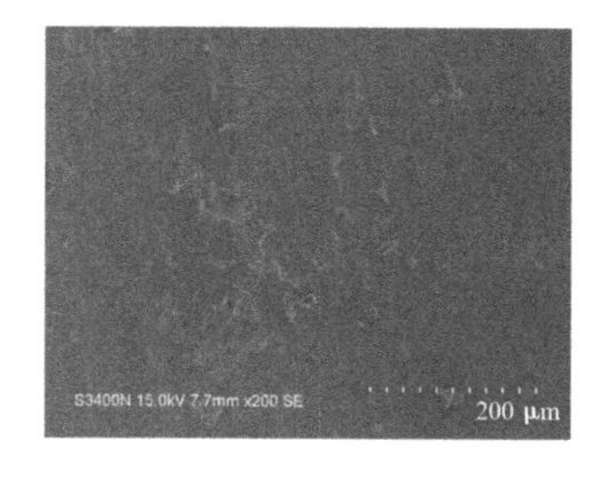

(b) 试样 2(ω=600 r/min)

扫码看彩图

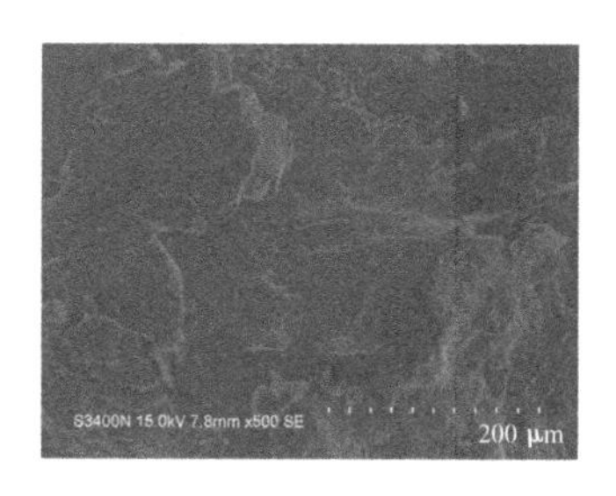

(c)试样 3(ω=700 r/min)

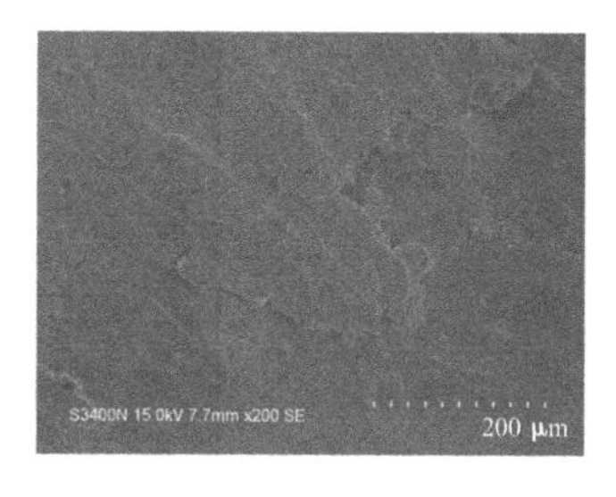

(d) 试样 4(ω=800 r/min)

图 4-11　第 1 种工艺方法下不同工艺参数制备的含镍铜合金改性表层试样摩擦磨损实验后的磨痕

从图 4-11 中各试样摩擦磨损后的磨痕可以看出，搅拌头旋转速度为 600 r/min时获得试样的磨损形式以划犁痕迹为主。试样 1 的磨损为典型的黏着磨损加划犁磨损，且在磨损过程中还看到有炸裂状痕迹，说明磨损表面表现出一定的脆性，所以在此磨损过程中伴随着脆性磨损现象发生，故其摩擦系数最大，这与图 4-10(a)中显示的摩擦系数一致。试样 3 和试样 4 的磨损形式主要为黏着磨损加粗糙表面变形，并伴随着一定程度的犁削磨损形式。可见，当搅拌摩擦表面加工制备含镍铜合金改性表层金相组织细化到一定程度时，摩擦热的增加会使晶粒获得更多的热量，导致晶粒二次长大，从而降低铜合金改性表层的性能。

4.4.2 第 2 种工艺方法下不同工艺参数制备的改性表层试样耐磨性分析

图 4-12 是在第 2 种工艺方法下，即搅拌头前进速度为 500 mm/min、搅拌头下压量为 0.3 mm、搅拌头偏移量为 15 mm、搅拌头直径为 18 mm 固定的前提下，不同工艺参数(不同搅拌头旋转速度)制备的含镍铜合金改性表层试样的摩擦系数曲线。

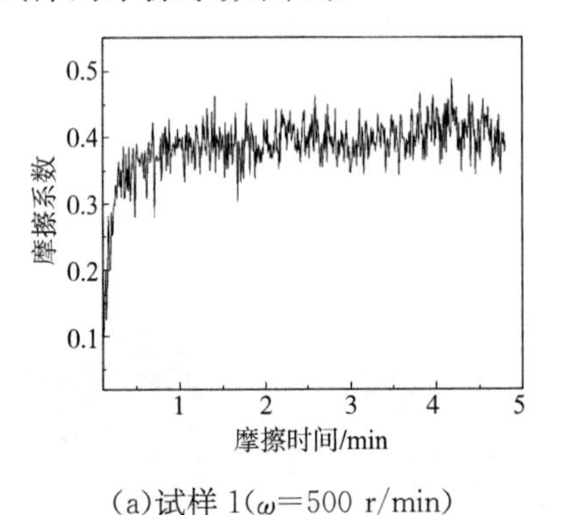

(a)试样 1(ω=500 r/min)

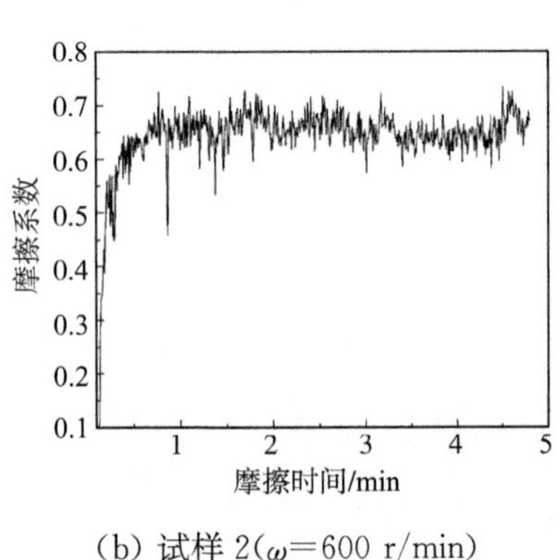

(b) 试样 2(ω=600 r/min)

图 4-12 第 2 种工艺方法下不同工艺参数制备的含镍铜合金改性表层试样的摩擦系数曲线

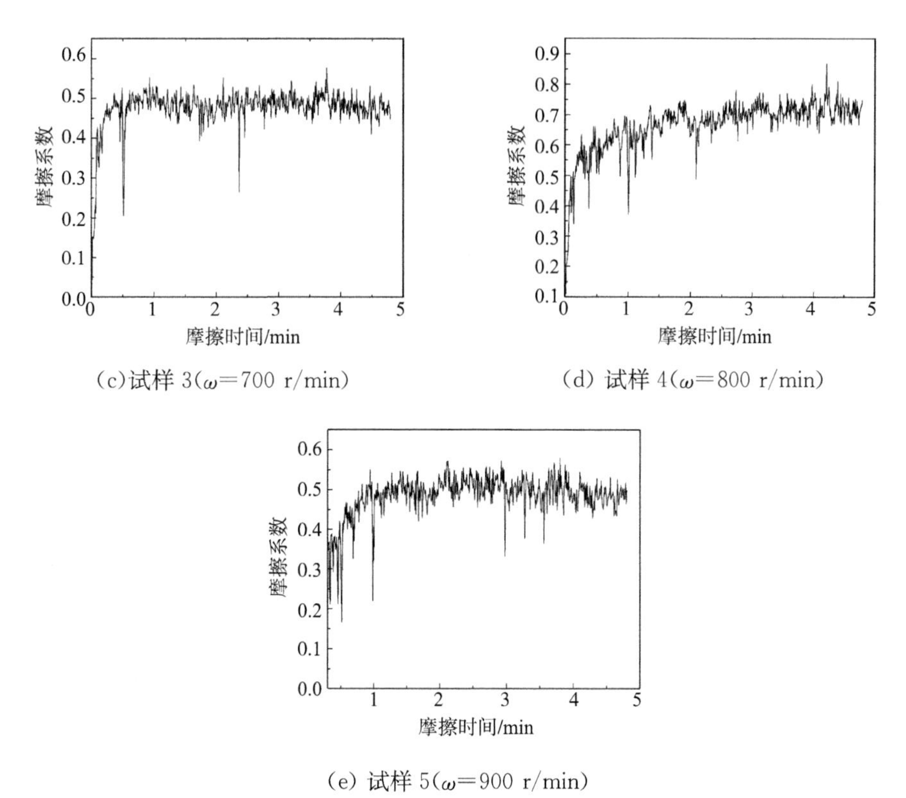

(c)试样 3(ω=700 r/min)　(d) 试样 4(ω=800 r/min)

(e) 试样 5(ω=900 r/min)

图 4-12　第 2 种工艺方法下不同工艺参数制备的含镍铜合金改性表层试样的摩擦系数曲线(续)

从图 4-12 可以清楚地看出,当搅拌头旋转速度为 500 r/min 时获得的改性表层的摩擦系数最小,为 0.38,如图 4-12(a)所示,与铜合金母材的摩擦系数相当。随着搅拌头旋转速度不断增加,摩擦系数呈先增大后减小的趋势。

图 4-13 是在第 2 种工艺方法下,不同工艺参数(不同搅拌头旋转速度)制备的含镍铜合金改性表层试样摩擦磨损试验后的磨痕。

从图 4-13(a)中可以清楚地看到,当搅拌头旋转速度为 500 r/min 时获得的改性表层进行摩擦磨损试验后的磨痕形貌主要以犁痕为主,伴随着少量的黏着磨损,从图 4-13(a)中还可以清楚地看到其整体磨痕较浅、平整且划痕展现出光泽,这充分说明此改性表层的磨损较为困难,耐磨性较高。从图4-13(b)可以看出,搅拌头旋转速度为 600 r/min 的改性表层的磨损主要是黏着磨损加磨粒磨损,从整体磨损形貌来看,其耐磨性较差。搅拌头旋转速度为700 r/min时获得的改性表层的磨损形式主要以犁痕磨损为主,伴随着磨粒磨损,故其耐磨性相对于试样 1 来说稍弱，但其整体的磨损形貌还是比较好的，具体如图 4-13(c)所示。从图 4-13(d)可以看出，搅拌头旋转速度为800 r/min时的改性表层的耐损形式主要为黏着磨损加犁痕磨损，此时黏着磨损较为严重，同时磨损面还出现孔洞，说明在磨损过程中存在脆性断裂现象，部分出现脆性颗粒，导致后续的磨粒磨损现象发生，从图 4-13(e)可以看出，搅拌头旋转速度为900 r/min时获得的改性表层的磨损程度相对较好，主要以犁痕磨损为主，伴随着黏着磨损，同时，磨痕中也显示较轻微的磨粒磨损。

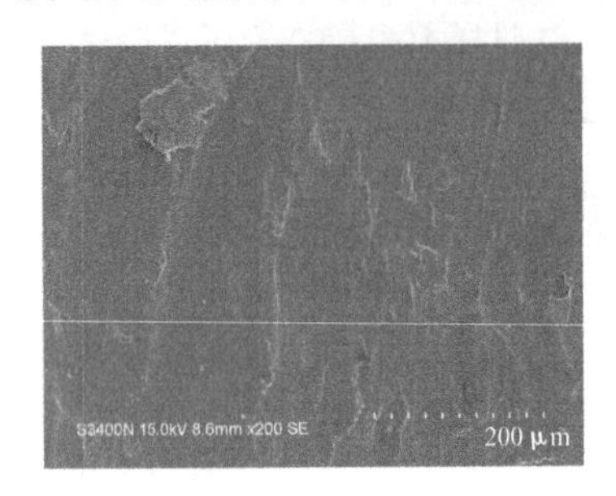

(a)试样 1(ω=500 r/min)

(b) 试样 2(ω=600 r/min)

扫码看彩图

(c)试样 3(ω=700 r/min)

(d) 试样 4(ω=800 r/min)

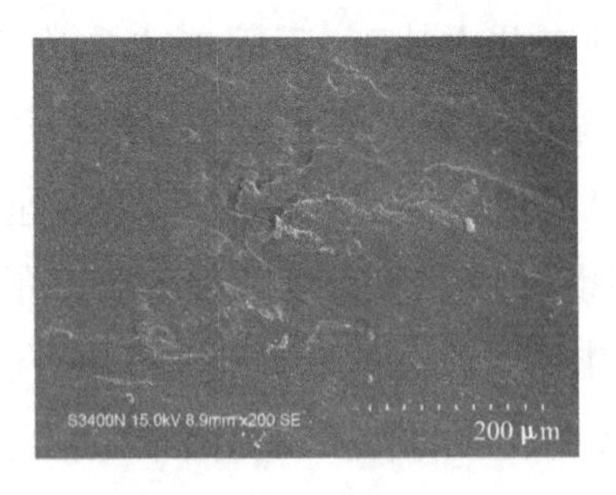

(e) 试样 5(ω=900 r/min)

图 4-13　第 2 种工艺方法下不同工艺参数制备的含镍铜合金改性表层试样摩擦磨损实验后的磨痕

4.5　搅拌摩擦表面加工制备含镍铜合金改性表层耐腐蚀性分析

本节通过对比铜合金母材在两种不同工艺方法下获得的改性表层试样的电化学腐蚀试验结果，分析研究不同的工艺方法下不同的搅拌摩擦表面加工工艺参数获得的含镍铜合金改性表层的耐腐蚀性，为实际铜合金在腐蚀环境中的应用提供技术支持。从电化学腐蚀机理来看，腐蚀电位越高，改性表层的耐腐蚀性就越强，耐腐蚀能力也就越高；腐蚀电流越小说明腐蚀速度越慢。同样，腐蚀电阻越大也说明耐腐蚀性越好，抗电化学腐蚀能力越好。对于腐蚀速度而言腐蚀电位的影响比电流略小一些。

图 4-14 为 H63 铜合金母材的电化学腐蚀极化曲线，从图 4-14 可以看到铜合金母材的腐蚀电位接近于－0.6 V。图 4-15 为 SEM 下的 H63 铜合金母材电化学腐蚀表面形貌，从图 4-15 中可以清楚地看出母材经电化学腐蚀后，其表面出现了很多的腐蚀裂纹和孔洞。

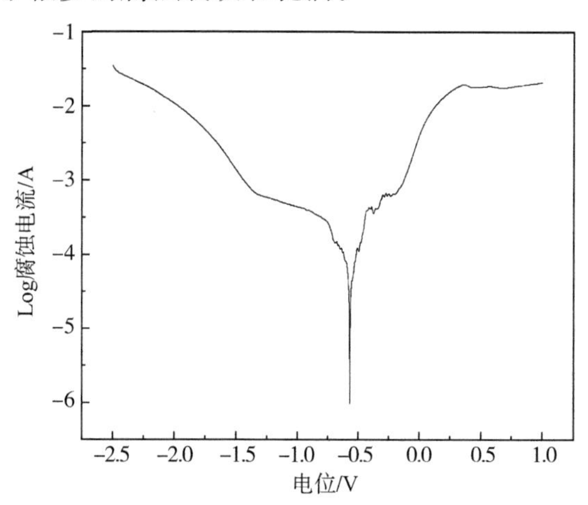

图 4-14　H63 铜合金母材电化学腐蚀极化曲线

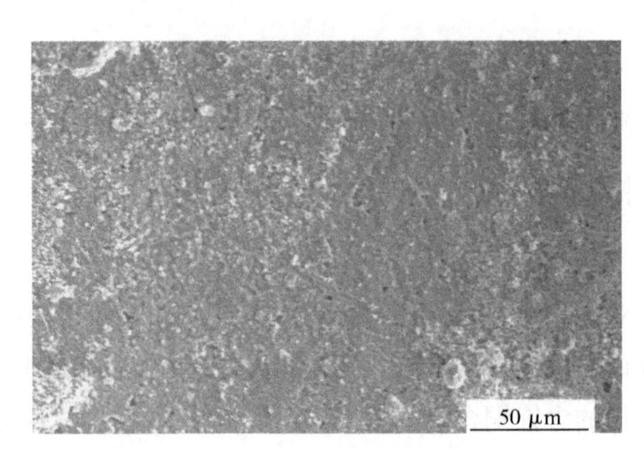

图 4-15　母材电化学腐蚀表面形貌

4.5.1　第 1 种工艺方法下不同工艺参数制备的改性表层试样耐腐蚀性分析

下面通过电化学极化曲线、腐蚀速度及 SEM 下的腐蚀表面形貌对两种不同工艺方法下，不同搅拌摩擦表面加工制备含镍铜合金改性表层的耐腐蚀性能进行分析。

图 4-16 是在第 1 种工艺方法下，即搅拌头前进速度为 500 mm/min、搅拌头下压量为 0.3 mm、搅拌头偏移量为 5 mm、搅拌头直径为 18 mm 的固定前提下，不同工艺参数（不同搅拌头旋转速度）制备的含镍铜合金改性表层试样的电化学腐蚀极化曲线。

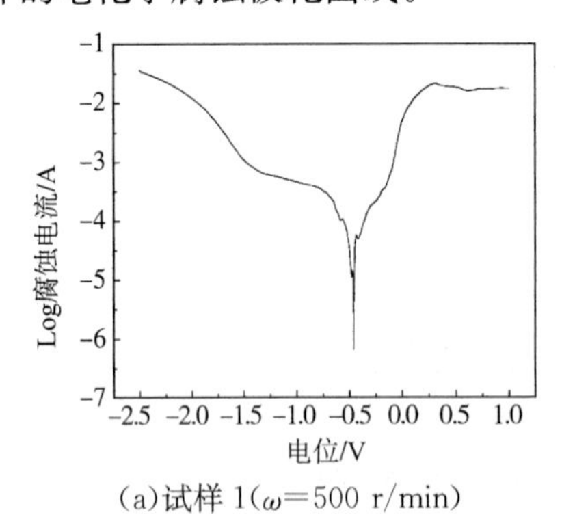

(a)试样 1(ω=500 r/min)

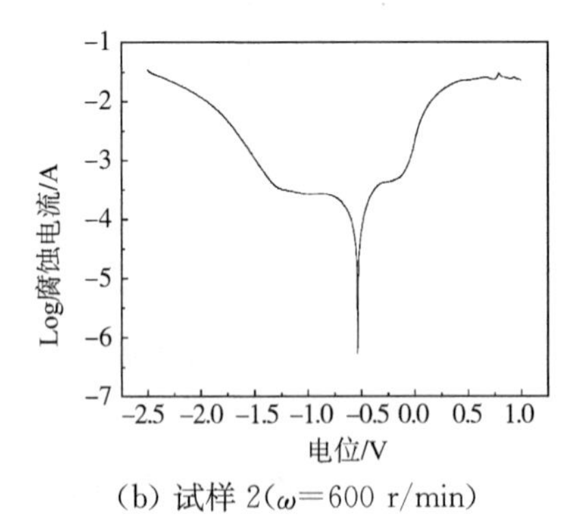

(b) 试样 2(ω=600 r/min)

图 4-16　第 1 种工艺方法下不同工艺参数制备的含镍铜合金改性表层试样的电化学腐蚀极化曲线

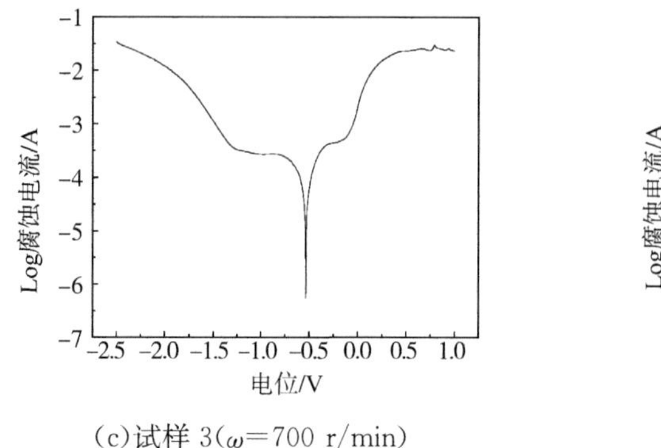

(c)试样 3(ω=700 r/min)

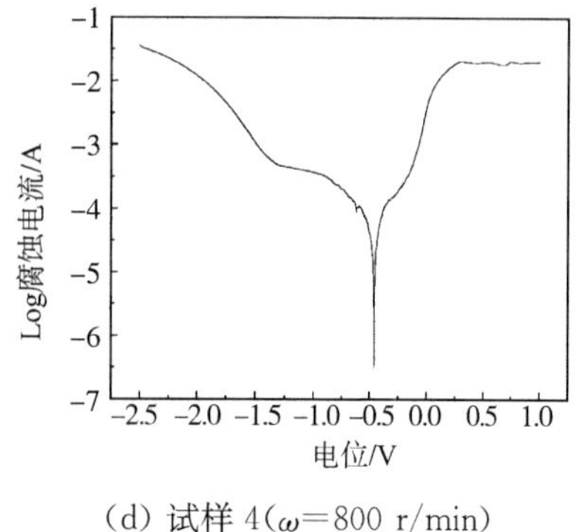

(d) 试样 4(ω=800 r/min)

图 4-16 第 1 种工艺方法下不同工艺参数制备的含镍铜合金改性表层试样的电化学腐蚀极化曲线(续)

表 4-2 是各试样极化曲线分析结果,结合图 4-15、图 4-16 和表 4-2 的结果,可以清楚地看出采用第 1 种工艺方法选用不同的工艺参数制备的含镍铜合金改性表层试样的耐腐蚀性能均比母材高,其中,当搅拌头旋转速度为 800 r/min 时获得的试样耐腐蚀性能最好,其腐蚀电位 E_{corr} 为−0.461 V,腐蚀电流密度 I_{corr} 为 127.3 $\mu A/cm^2$。除此之外,耐腐蚀性较好的还有搅拌头转速为 500 r/min 和 800 r/min 获得的改性表层试样,稍微弱点的是搅拌头旋转速度为 600 r/min 获得的改性表层试样。可以看出,整体改性后的耐腐蚀性效果均较好,说明搅拌摩擦表面加工制备含镍铜合金改性表层的耐腐蚀性效果明显,改性的工艺、参数合理。

表 4-2 第 1 种工艺方法下各试样极化曲线分析结果

试样编号	E_{corr}/V	I_{corr}/($\mu A/cm^2$)	R_p/Ω
1	−0.46	221.6	405
2	−0.534	185.44	506
3	−0.44	228.6	492
4	−0.461	127.3	834
母材	−0.569	342.8	292

表 4-2 中列出了各试样极化曲线的分析结果,从对材料腐蚀行为影响较大的腐蚀电流密度因素来看,腐蚀由慢到快的试样分别为搅拌头旋转速度为 800 r/min、搅拌头旋转速度为 600 r/min、搅拌头旋转速度为 500 r/min 和搅

拌头旋转速度为 700 r/min 的试样，该分析结果与图 4-17 中呈现的结果一致。

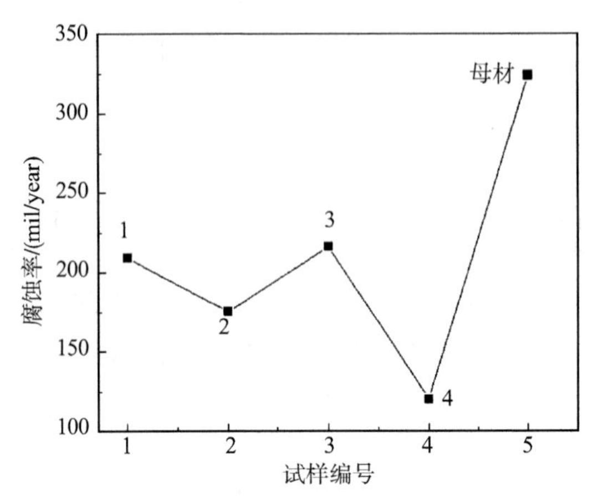

图 4-17 第 1 种工艺方法下各试样电化学腐蚀速率曲线

图 4-17 是在第 1 种工艺方法下，搅拌头旋转速度分别为 500 r/min、600 r/min、700 r/min、800 r/min 和 900 r/min 时搅拌摩擦表面加工制备含镍铜合金改性表层试样进行电化学腐蚀试验后获得的电化学腐蚀速率曲线，从图 4-17 中可以清楚地看出，经搅拌摩擦表面加工制备的含镍铜合金改性表层的腐蚀速率远低于铜合金母材，这充分表明搅拌摩擦表面加工技术可以提高铜合金的抗腐蚀性能。

图 4-18 是在第 1 种工艺方法下，不同工艺参数(不同搅拌头旋转速度)制备的含镍铜合金改性表层试样的电化学腐蚀后的表面形貌。从图 4-18中可以清楚地看出，试样 2 和试样 4 的表面腐蚀程度相对较轻，试样 2 仅仅只出现了一点腐蚀产物，但其并没有致使表面出现大面积腐蚀。试样 4 腐蚀程度更好，出现的一些腐蚀条纹是砂纸磨削表面留下的划痕造成的，这些划痕导致腐蚀液残留在其中并引发腐蚀；试样 1 和试样 3 腐蚀程度相较于前两种更严重，在腐蚀产物的间隙中出现了很少量的孔洞，但经过搅拌摩擦表面加工制备的含镍铜合金改性表层试样的耐腐蚀性均比铜合金母材好，各含镍铜合金改性表层试样电化学腐蚀后均未出现像铜合金母材表面那样的大范围的腐蚀孔洞和裂纹。

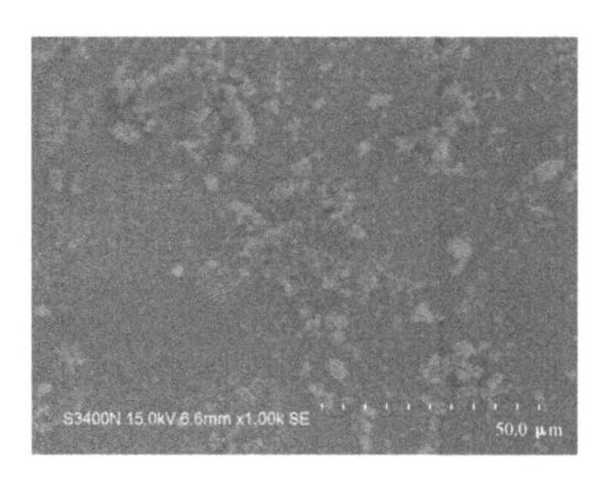

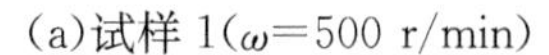
(a)试样 1(ω=500 r/min)

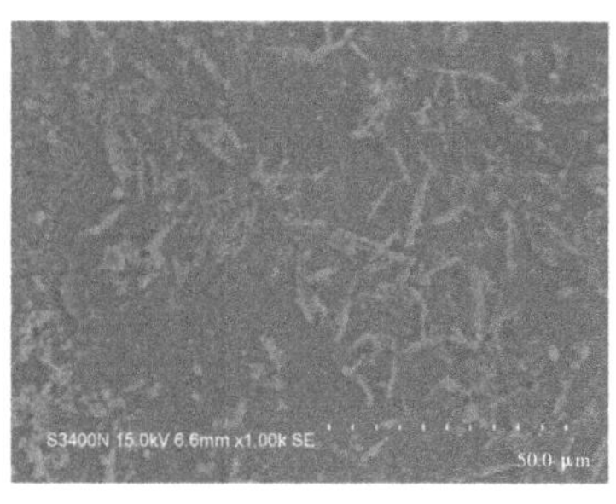

(b)试样 2(ω=600 r/min)

扫码看彩图

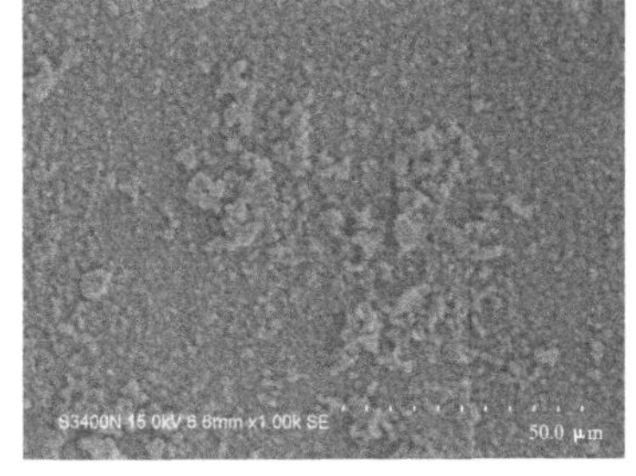

(c)试样 3(ω=700 r/min)

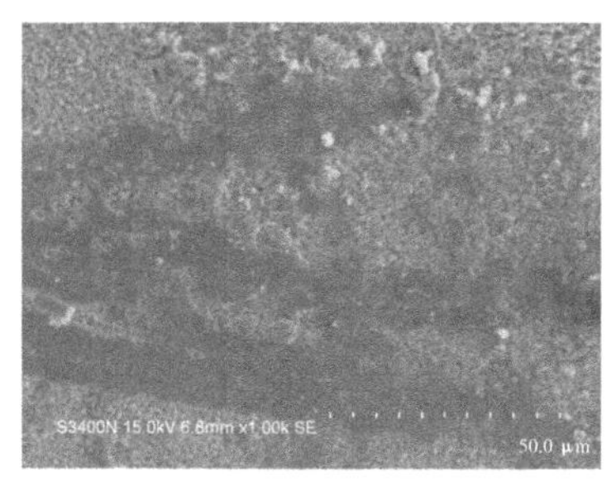

(d)试样 4(ω=800 r/min)

图 4-18　第 1 种工艺方法下不同工艺参数制备的含镍铜合金改性表层试样的电化学腐蚀后的表面形貌

4.5.2　第 2 种工艺方法下不同工艺参数制备的改性表层试样耐腐蚀性分析

图 4-19 是在第 2 种工艺方法下，即搅拌头前进速度为 500 mm/min、搅拌头下压量为 0.3 mm、搅拌头偏移量为 15 mm、搅拌头直径为 18 mm 的固定前提下，不同工艺参数(不同搅拌头旋转速度)制备的含镍铜合金改性表层试样的电化学腐蚀极化曲线。

从图 4-19(a)可以看出，当搅拌头旋转速度为 500 r/min 时，获得的含镍铜合金改性表层耐腐蚀性最好，此时，试样腐蚀电流密度最小为 78.28 $\mu A/cm^2$，腐蚀速度最慢。随着搅拌头旋转速度的增加，获得的含镍铜合金改性表层的耐腐蚀性也逐渐变差。当搅拌头旋转速度为 900 r/min 时，制备的含镍铜合金改性表层的耐腐蚀性最差，如图 4-19(e)所示。

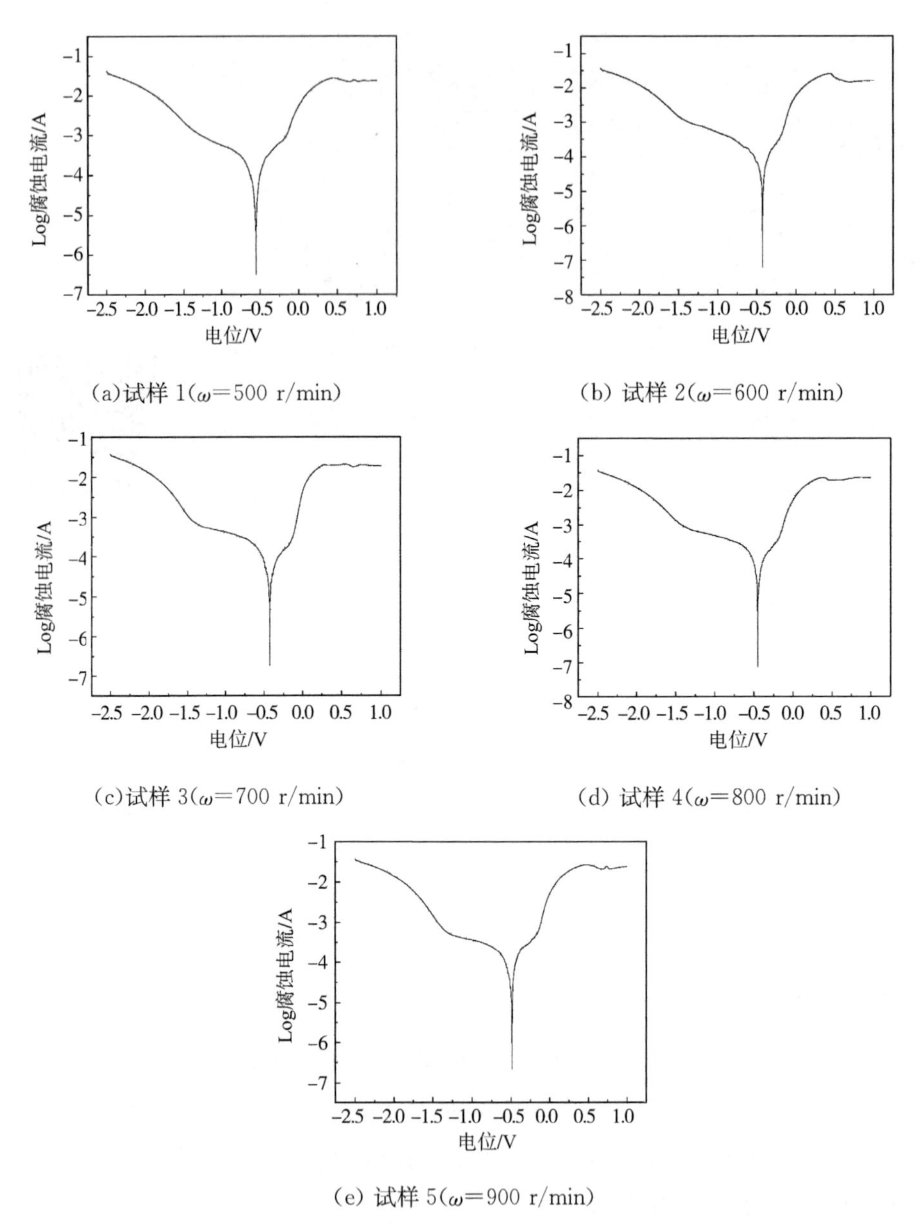

图 4-19 第 2 种工艺方法下不同工艺参数制备的含镍铜合金改性表层试样的电化学腐蚀极化曲线

表 4-3 是在第 2 种工艺方法下，搅拌头旋转速度分别为 500 r/min、600 r/min、700 r/min、800 r/min 和 900 r/min 时获得的搅拌摩擦表面加工制备含镍铜合金改性表层试样电化学腐蚀后的极化曲线分析结果。从表 4-3

中可以清楚地看到各试样的腐蚀电流密度随着搅拌头转速的增大而不断增大，这说明，随着搅拌头转速增大，相应试样的腐蚀速率增大，腐蚀程度越明显，与图 4-19 中的结果较为一致。

表 4-3 第 2 种工艺方法下各试样极化曲线分析结果

试样编号	E_{corr}/V	I_{corr}/(μA/cm^2)	R_p/Ω
1	−0.552	78.28	966
2	−0.428	105.52	821
3	−0.426	113.26	760
4	−0.454	155.88	613
5	−0.485	185.58	474
母材	−0.569	342.8	292

从图 4-19 和表 4-3 可以看出，经搅拌摩擦表面加工制备的含镍铜合金改性表层抗腐蚀性能均高于铜合金母材。腐蚀电位越高，电化学腐蚀难度越大，腐蚀电流越小，电化学腐蚀速率越低。经搅拌摩擦表面加工制备的含镍铜合金改性表层各试样的腐蚀电位均高于铜合金母材，同时各改性试样的腐蚀电流密度也均低于母材。

图 4-20 是在第 2 种工艺方法下，搅拌头旋转速度分别为 500 r/min、600 r/min、700 r/min、800 r/min 和900 r/min 时搅拌摩擦表面加工制备的含镍铜合金改性表层试样进行电化学腐蚀试验后获得的腐蚀速率的曲线，从图 4-20 可以清楚地看出，经搅拌摩擦表面加工制备的含镍铜合金改性表层腐蚀速率都远低于铜合金母材，抗腐蚀能力也有极大提高。但不同的搅拌摩擦表面加工工艺参数下制备的含镍铜合金改性表层的腐蚀速率也有很大区别。当搅拌头旋转速度为 500 r/min 时，获得的改性表层的腐蚀速率最低，随着搅拌头旋转速度的不断增加，获得的改性表层试样的腐蚀速率也呈现增加趋势，当搅拌头旋转速度为 900 r/min 时，获得的改性表层的腐蚀速率达到最大。出现这种腐蚀性能变化的趋势同前面的微观组织分析相一致。由前面章节可知，通过搅拌摩擦表面加工制备含镍铜合金表层因镍的存在而形成连续的固溶体，进而提升了铜合金的抗腐蚀性能。

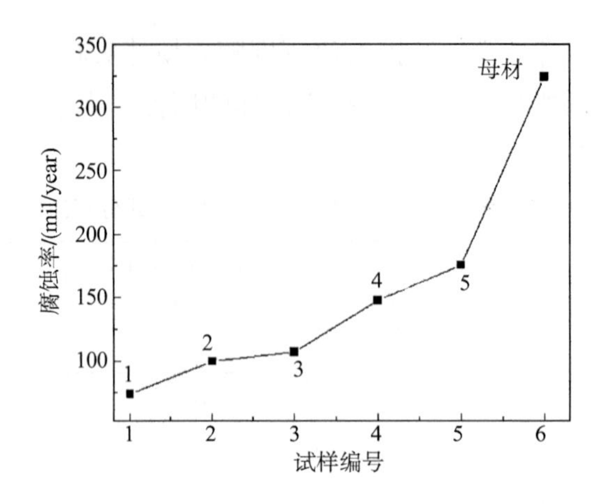

图 4-20　第 2 种工艺方法下各试样电化学腐蚀速率曲线

图 4-21 是在第 2 种工艺方法下，不同工艺参数（不同搅拌头旋转速度）制备的含镍铜合金改性表层试样的电化学腐蚀后的表面形貌。从图 4-21 中可以清楚地看出，当搅拌头旋转速度为 500 r/min 和 600 r/min 时，获得的含镍铜合金改性表层的耐腐蚀程度较好，如图 4-21 (a)和图 4-21(b)所示，其腐蚀表面仅出现一些腐蚀产物，其中，试样 1 的腐蚀程度最轻，除了少量的腐蚀产物外几乎未见腐蚀点和腐蚀纹理；当搅拌头旋转速度为700 r/min时，获得的铜合金改性表层的腐蚀程度要比试样 1 和试样 2 略严重些，如图4-21(c)所示，可以看到腐蚀表面出现了一些腐蚀坑，虽然腐蚀坑数量不多，但这种腐蚀坑的出现会加快改性表层后续的腐蚀速度；比较图 4-21(d)和图 4-21(e)，可以发现两者的腐蚀程度均比图 4-21(a)、图4-21(b)和图 4-21(c)严重，其中，试样 4 出现数量较多且较大的腐蚀坑，同时也出现腐蚀剥落现象，这说明搅拌头旋转速度为 800 r/min 时获得的含镍铜合金改性表层耐腐蚀性要差些；试样 5 的腐蚀程度更为严重，腐蚀表面上出现了大量的腐蚀坑，腐蚀坑的数量、深度和大小均较其他参数多，同时还出现了很多的腐蚀裂纹，这说明搅拌头旋转速度为 900 r/min 的含镍铜合金改性表层的耐腐蚀性最差。以上各试样的腐蚀形貌分析与前文中各试样的腐蚀速率和极化曲线基本一致。

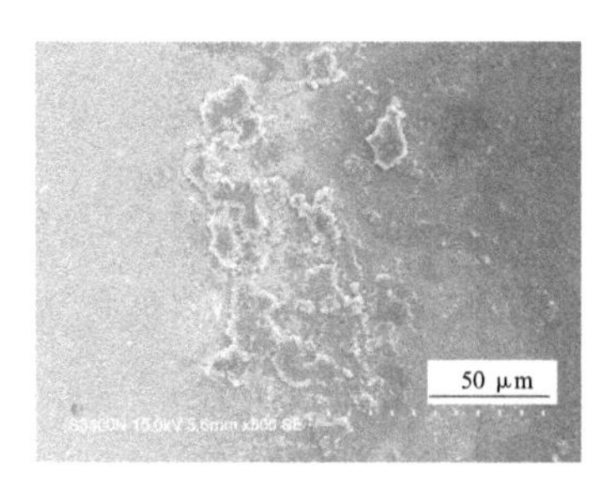

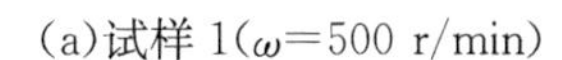
(a)试样 1(ω=500 r/min)

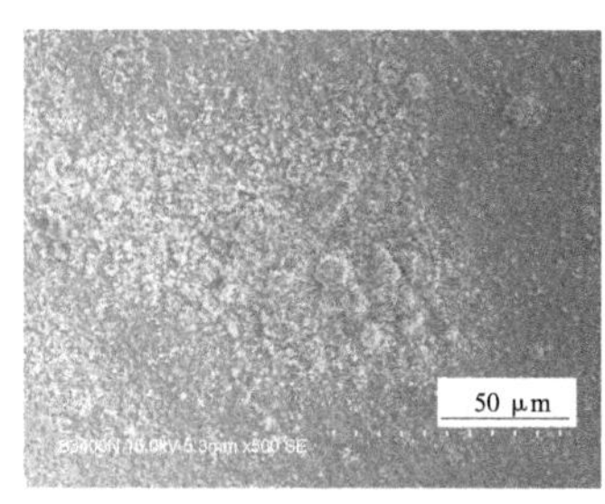

(b) 试样 2(ω=600 r/min)

扫码看彩图

(c)试样 1(ω=700 r/min)

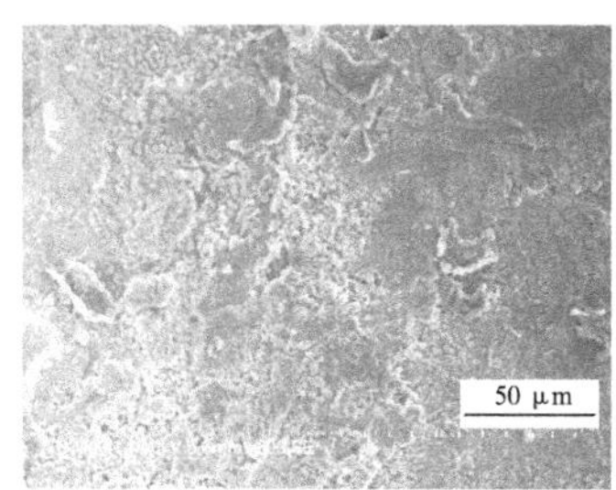

(d) 试样 4(ω=800 r/min)

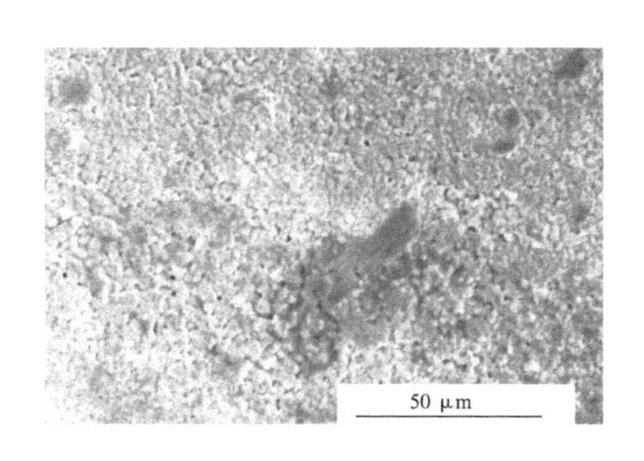

(e) 试样 5(ω=900 r/min)

图 4-21　第 2 种工艺方法下不同工艺参数制备的含镍铜合金改性表层试样的电化学腐蚀后的表面形貌

4.6　搅拌摩擦表面加工制备含镍铜合金改性表层 EBSD 结果分析

下面通过分析第 2 种工艺及母材的 EBSD 结果，分别对其大小角晶界，晶粒尺寸大小以及晶内整体取向差等情况进行研究。

4.6.1　大小角晶界分析

晶体界面(晶界)是结构相同而取向不同的晶粒之间的界面，根据晶界角的大小可以分为大角度晶界和小角度晶界，一般的取向差小于 10°的被称为小角度晶界，小角度晶界中相位角大于 2°一般被称为亚晶界。图 4-22 是在第 2 种工艺方法下，即搅拌头前进速度为 500 mm/min、搅拌头下压量为 0.3 mm、搅拌头偏移量为 15 mm、搅拌头直径为 18 mm 的固定前提下，不同工艺参数(不同搅拌头旋转速度)制备的含镍铜合金改性表层试样和母材的晶界角统计图。

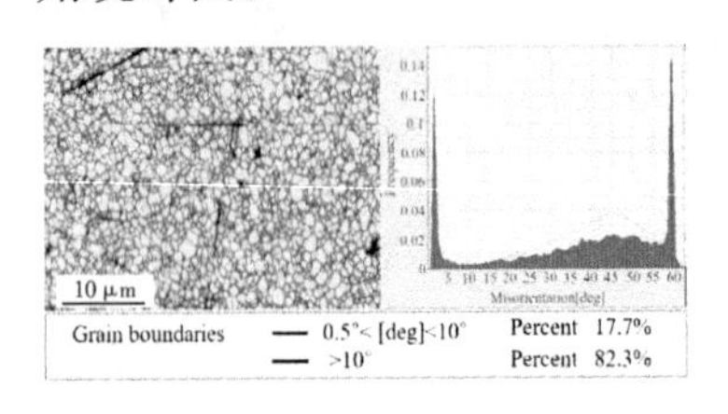

(a)试样 1(ω=500 r/min)

(b) 试样 2(ω=600 r/min)

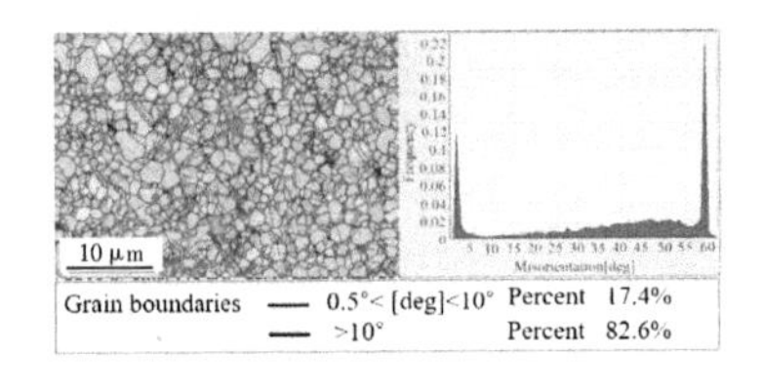

(c)试样 3(ω=700 r/min)

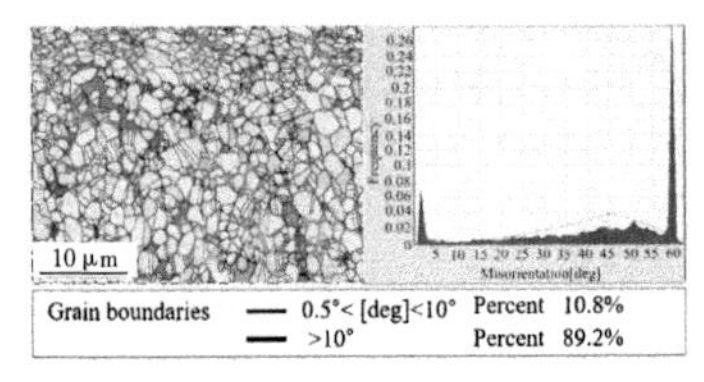

(d) 试样 4(ω=800 r/min)

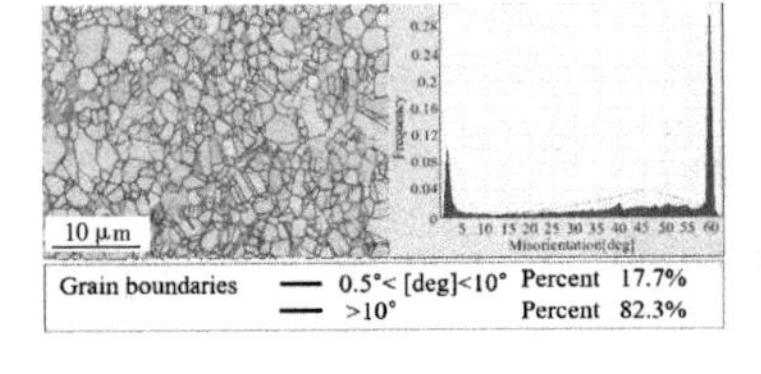

(e)试样 5(ω=900 r/min)

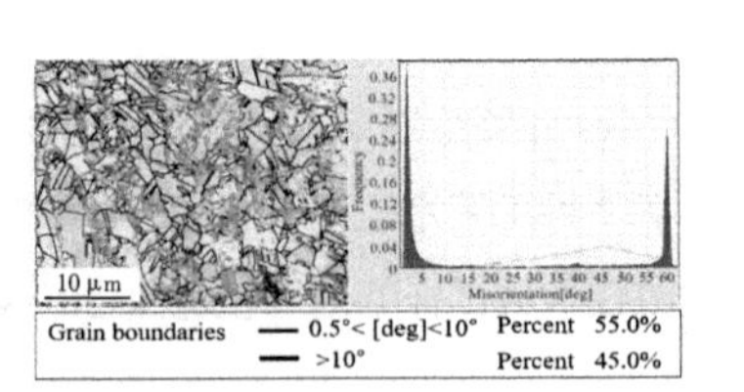

(f) 母材

扫码看彩图

图 4-22　第 2 种工艺下不同工艺参数制备的含镍铜合金改性表层试样和母材的晶界角统计

从图 4-22 可以看出，经搅拌摩擦表面加工制备的含镍铜合金改性表层，其表层晶粒之间的取向差均有不同程度的增加，表现为大角度晶界所占的比例增大。图 4-22(f)显示，母材中大角度晶界所占的比例为 45%，小角度晶界所占的比例为 55%。而观察图 4-22(a)到图 4-22(e)发现，经搅拌摩擦表面加工制备的含镍铜合金改性表层的大角度晶界所占的比例均高于母材，且均达到了 82%以上。其中，当搅拌头旋转速度为 800 r/min 时，大角度晶界所占的比例最高，为 89.2%，接近于 90%。大角度晶界的增多表明晶体能量上升，再结晶分数提高，晶粒细化，这与金相组织分析的结果相一致。小角度晶界由于相邻的晶粒取向差小，在位错运动时会产生局部滑移，易出现局部的位错密度增大，从而导致应力集中，对材料的性能产生不利影响。

4.6.2　晶粒尺寸分析

根据 Hall-Petch 方程 $\sigma_s=\sigma_0+kd-1/2$ 可知，材料的屈服强度随着晶粒尺寸的减小而增加。不仅如此，随着晶粒的细化，晶界的总长度也随之增加，对材料的耐磨性和耐腐蚀性均有很大的影响。因此，细化晶粒是提高铜合金综合性能的有效方法之一。图 4-23 是在第 2 种工艺方法下，即搅拌头前进速度为500 mm/min、搅拌头下压量为 0.3 mm、搅拌头偏移量为 15 mm、搅拌头直径为 18 mm 的固定前提下，不同工艺参数（不同搅拌头旋转速度）制备的含镍铜合金改性表层试样和母材的晶粒的尺寸分析图。

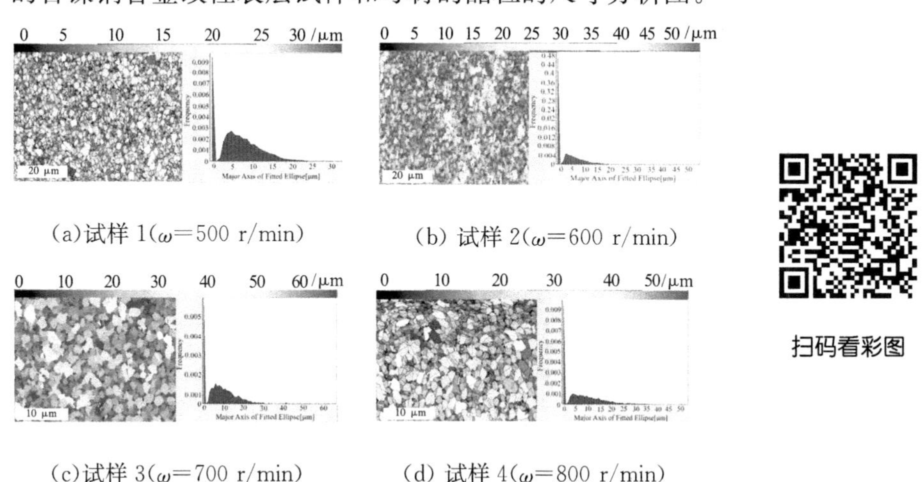

(a)试样 1(ω=500 r/min)　(b) 试样 2(ω=600 r/min)

(c)试样 3(ω=700 r/min)　(d) 试样 4(ω=800 r/min)

图 4-23　第 2 种工艺方法下不同工艺参数制备的含镍铜合金改性表层试样和母材的晶粒尺寸分析

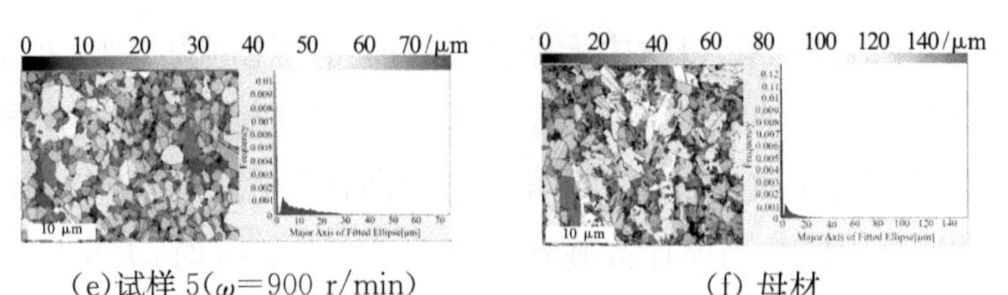

(e)试样 5(ω=900 r/min)　　　　(f) 母材

图 4-23　第 2 种工艺方法下不同工艺参数制备的含镍铜合金改性表层试样和母材的晶粒尺寸分析(续)

从图 4-23 可以看出，当搅拌头旋转速度在 500 r/min 时，改性表层的晶粒尺寸集中分布在 10～25 μm 之间，较为均匀；当搅拌头的旋转速度为 600 r/min时改性表层的晶粒尺寸集中分布在 2～25 μm 之间；当搅拌头的旋转速度分别为 700 r/min 和 800 r/min 时，改性表层的晶粒尺寸均集中分布在 2～40 μm 之间；当搅拌头的旋转速度为 900 r/min 时，改性表层的晶粒尺寸集中分布在2～60 μm之间。由此可知，经搅拌摩擦表面加工制备的含镍铜合金改性表层的晶粒尺寸相对于母材均得到了很大的细化。

4.6.3　晶内整体取向差分析

图 4-24 是在第 2 种工艺方法下，即搅拌头前进速度为 500 mm/min、搅拌头下压量为 0.3 mm、搅拌头偏移量为 15 mm、搅拌头直径为 18 mm 的固定前提下，不同工艺参数(不同搅拌头旋转速度)制备的含镍铜合金改性表层和母材的动态再结晶分析图。

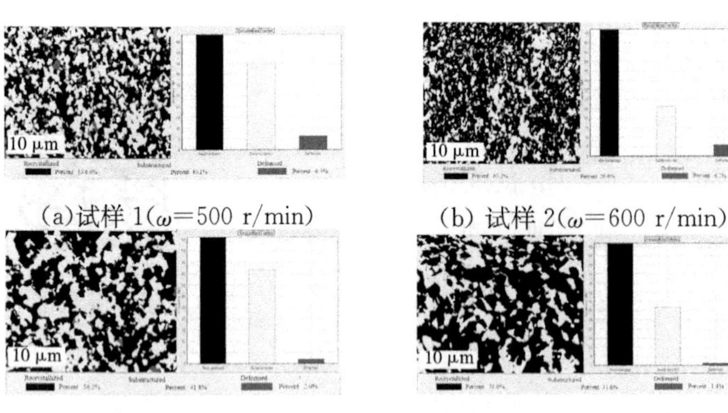

(a)试样 1(ω=500 r/min)　　　　(b) 试样 2(ω=600 r/min)

(c)试样 3(ω=700 r/min)　　　　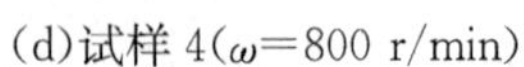(d)试样 4(ω=800 r/min)

扫码看彩图

图 4-24　第 2 种工艺方法下不同工艺参数制备的含镍铜合金改性表层试样的动态再结晶分析

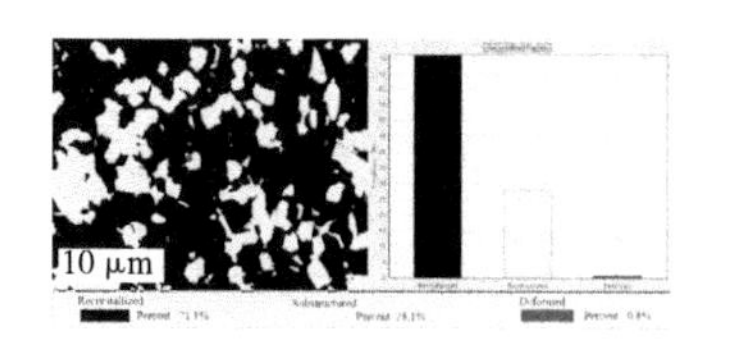

(e)试样 5(ω=900 r/min)

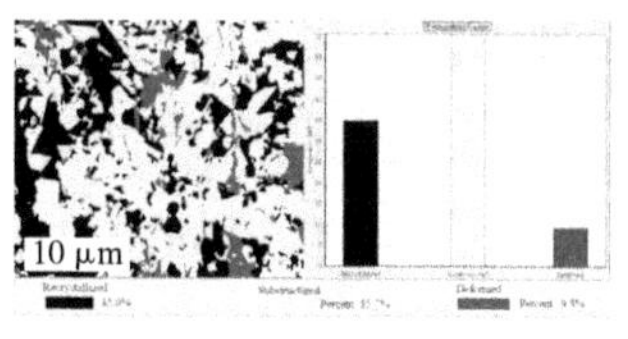

(f)母材

图 4-24　第 2 种工艺方法下不同工艺参数制备的含镍铜合金改性表层试样的动态再结晶分析(续)

从图 4-24 可以看出,经搅拌摩擦表面加工制备的含镍铜合金改性表层各试样的动态再结晶区晶粒体积分数均在 50%以上,均高于母材(母材为 35.0%),变形区的晶粒体积分数均较小,最小的变形区的体积分数仅占 0.8%,这是因为搅拌摩擦表面加工过程中虽然发生了一定的搅动和塑性流动,但该区域在摩擦热的作用下发生了较好的动态回复和动态再结晶,虽未出现完全等轴晶,但存在一定的择优取向,基本实现了组织的均匀一致性。由此可知,搅拌摩擦表面加工的工艺方法能均匀地将镍植入到铜合金的表层。从图 4-24 还可以看出,当搅拌头旋转速度分别为 600 r/min、700 r/min 和900 r/min时获得的改性表层的变性区的体积分数较小,均小于等于2.0%。

4.7　本章小结

(1)在两种工艺方法下经搅拌摩擦表面加工制备的含镍铜合金改性表层均能得到较为均匀的细化晶粒。制备的含镍铜合金改性表层截面晶粒分别从改性核心区、热影响区到母材区方向呈现由小到大的梯度变化,其中,第 1 种工艺方法下搅拌头旋转速度为 500 r/min 及第 2 种工艺方法下搅拌头旋转速度分别为 500 r/min 和 600 r/min 时获得的含镍铜合金改性表层的晶粒细化程度最好。

(2)经搅拌摩擦表面加工制备的含镍铜合金改性表层硬度均比母材高。其中,第 1 种工艺方法下搅拌头旋转速度为 500 r/min 时获得的含镍铜合金改性表层的硬度最高,第 2 种工艺方法下搅拌头旋转速度分别为500 r/min 和 600 r/min 时获得的含镍铜合金改性表层的硬度也较高。

(3)在两种工艺方法不同的工艺参数下经搅拌摩擦表面加工制备获得的含镍铜合金改性表层的耐腐蚀性均优于母材,其中,第1种工艺方法下搅拌头转速为800 r/min时获得的改性表层和第2种工艺方法下搅拌头转速为500 r/min时获得的改性表层耐腐蚀性最好。

(4)通过对搅拌摩擦表面加工制备的含镍铜合金改性表层的EBSD结果分析,发现经搅拌摩擦表面加工制备的含镍铜合金改性表层的晶粒之间的取向差均有不同程度的增加,大角度晶界所占的比例均增大、晶粒尺寸均减小、变性区的晶粒体积分数均减少。

第5章　搅拌摩擦表面加工制备铜合金改性表层数值模拟分析

5.1　引言

搅拌摩擦表面加工制备含镍铜合金改性表层是一个复杂的过程，其中，最重要的是对搅拌摩擦表面加工技术的机制的描述，这一过程涉及的因素太多，仅从单纯的实验是很难得到的，如板材装夹、工艺参数、搅拌头的作用力、搅拌头的直径、搅拌头的下压量等，这些因素影响搅拌摩擦表面加工制备铜合金的改性的程度各有不同。为了解决这一难题，本书拟采用有限元分析的方法，展开工艺参数（搅拌头旋转速度变化、搅拌头前进速度固定）对搅拌摩擦表面加工制备铜合金改性表层的温度场、应力和应变变化规律研究，为实际工程应用提供技术支持。

5.2　搅拌摩擦表面加工仿真模型建立

本书基于耦合欧拉-拉格朗日法（coupled Ewlarian-Lagrangian，CEL），采用 Abaqus 仿真软件对搅拌摩擦表面加工过程进行仿真。

5.2.1　几何模型建立及网格划分

利用 Abaqus 软件中的 CEL 方法，模拟板材的流体行为，采用欧拉单元进行分析，采用的网格类型为 EC3D8RT(8 结点热耦合纯屈欧拉六面体单元，具有减缩积分和沙漏控制功能）。几何体模型由实际改件搅拌头去除非工作区域及表面凹槽简化而来，改性板材尺寸为 200 mm×200 mm×10 mm，网格单元尺寸均为4 mm的六面体网格，网格总数量为 7500 个，如图 5-1 所示。

图 5-1 几何模型及网格划分

5.2.2 本构模型

搅拌摩擦表面加工过程中常伴随着较高的温度以及较大的应力集中和变形,故本书采用 Johnson-Cook 本构模型,该模型可以较好地描述出金属材料搅拌连接过程中流变应力随温度和应变率变化的关系,本书实际连接过程中待连接材料温度未低于室温且未使其熔化,故简化其具体公式[122,123]如下

$$\partial=(A+B\varepsilon^{n})\left\{1+C+C\ln\frac{\dot{\varepsilon}}{\dot{\varepsilon}_0}\left[1-\left(\frac{T-T_{\mathrm{room}}}{T_{\mathrm{melt}}-T_{\mathrm{room}}}\right)^{m}\right]\right\} \tag{5-1}$$

式 (5-1) 中:ε 为等效塑性应变;$\dot{\varepsilon}$ 为实验应变率,s^{-1};$\dot{\varepsilon}_0$ 为参考应变率,s^{-1};T_{room}为室内温度,℃;T_{melt}为材料熔点,℃;A、B、n、C、m 为 Johnson-Cook 本构方程的特性参数,其值可通过相关实验得到,见表 5-1 所示。

表 5-1 H62 黄铜 Johnson-Cook 本构方程特性参数

A/MPa	B/MPa	n	C	m
206	505	0.42	0.01	1.68

由于搅拌摩擦表面加工过程中温度变化较大,材料的相关物理性能会随温度的变化而变化,故为确保仿真结果的准确度,需对材料密度、杨氏模量、传导率、比热容等参数进行模拟前输入,相关参数值可根据实验和资料查阅获得,见表 5-2 所示。

表 5-2 H62 黄铜材料部分热物理性能参数

温度/℃	密度/(g/cm^3)	比热/[J/(kg·℃)]	杨氏模量/GPa	传导率/[(W/(m·K)]
20	8.93	372	133	390

续表

温度/℃	密度/(g/cm³)	比热/[J/(kg・℃)]	杨氏模量/GPa	传导率/[(W/(m・K)]
100	8.85	434.4	129	380
200	8.79	501	125	366
300	8.73	539.5	118	354
400	8.63	655	108	345

热源产生机制：搅拌摩擦表面加工制备铜合金改性表层的热量主要来源于搅拌头和铜合金板材搅拌摩擦产生的摩擦热，在此改性过程中，设定切向摩擦算法为罚函数，摩擦系数取 0.7，法向接触关系为 Hard(互相不可侵入)，界面生热系数为 0.8，界面上摩擦力做功转化为热的产热系数为 80%。

仿真过程中的对流换热系数确定：铜合金板材底面与工作台表面间、搅拌头与铜合金板材间的热交换系数均为 100 W/(m² ・K)，其余部分与空气间的换热系数设置为 20 W/(m² ・K)，室温定义为 20 ℃。搅拌摩擦表面加工制备铜合金改性表层的热交换边界设定如图 5-2 所示。

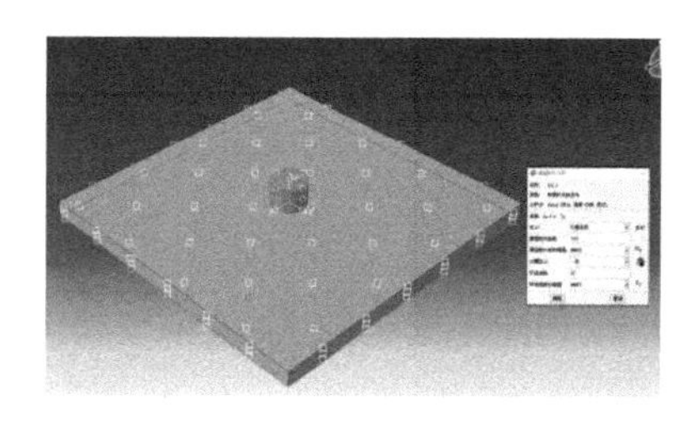

(a)底部热交换边界

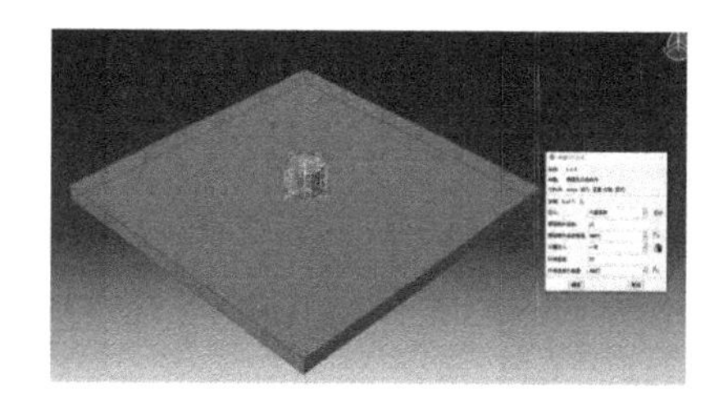

(b)上表面及四周热交换边界

图 5-2　热交换边界

5.2.3　定义分析步

分析步类型选用 Abaqus/Explicit 分析模块中的动力温度-位移显式分析，根据实际改性过程分为 13 个分析步，第 1 步为下压分析步时长为 0.36 s，下压量为 0.3 mm；第 2 步为预热分析步，时长为 5 s，用以模拟搅拌头预热过程；第 3 步到第 12 步为加工过程轨迹变化部分的分析步，总时长为183.65 s；第 13 步为搅拌头最后停留过程中的分析步，时长为 5 s，具体分析步设定如图 5-3 所示。

分析步管理器

	名称	步骤	几何非线性	时间
✓	Initial	(初始)	N/A	N/A
✓	xiaya	动力，温度-位移，显式	ON	0.36
✓	baowen	动力，温度-位移，显式	ON	5
✓	qianjing15	动力，温度-位移，显式	ON	1.8
✓	diyiquanbanjing15	动力，温度-位移，显式	ON	11.31
✓	qianjng15-2	动力，温度-位移，显式	ON	1.8
✓	dierquanbanjing30	动力，温度-位移，显式	ON	22.62
✓	qianjing15-3	动力，温度-位移，显式	ON	1.8
✓	disanquanbanjing45	动力，温度-位移，显式	ON	33.93
✓	qianjing15-4	动力，温度-位移，显式	ON	1.8
✓	disiquanbanjing60	动力，温度-位移，显式	ON	45.24
✓	qianjing15-5	动力，温度-位移，显式	ON	1.8
✓	di wuquanbanjing75	动力，温度-位移，显式	ON	56.55
✓	baowen2	动力，温度-位移，显式	ON	5

创建... 编辑... 替换... 重命名... 删除... 几何非线性... 关闭

图 5-3 仿真过程分析步设定

5.3 搅拌摩擦表面加工制备铜合金改性表层温度场模拟分析

为了准确地描述温度场、应力场和应变场的模拟结果，本书采用图 5-4(a)所示的位置在搅拌摩擦表面加工制备的铜合金表层截取试样进行分析，具体位置与坐标分布如图 5-4(b)所示。

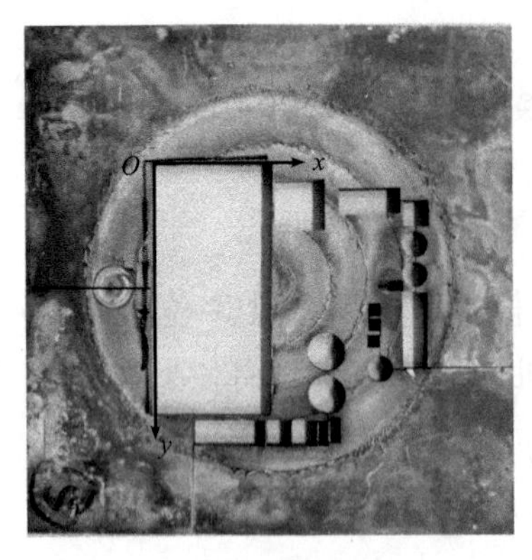

(a)具体位置照片

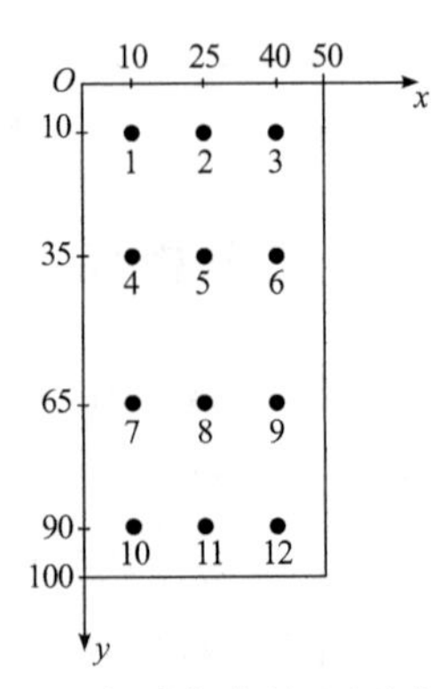

(b)各采集点的坐标图

图 5-4 位置与坐标分布

5.3.1　平行于 y 轴的温度场变化规律

图 5-5 为距离 y 轴 10 mm 且平行于 y 轴的 1、4、7、10 四个位置的温度随时间变化曲线。从图 5-5 中可以看出，当搅拌头前进速度固定为 500 mm/min，搅拌头旋转速度分别为 500 r/min、600 r/min、800 r/min 和 900 r/min 时，各点温度随时间变化曲线的形状基本相同，但是各点在不同位置的最高温度不同。当搅拌头前进速度固定为 500 mm/min 时，随着搅拌头的旋转速度的增加，各点在相应的位置上的温度也会随之增加。由于铜合金表层改性是从板材中心向周边以圆形轨迹进行搅拌摩擦表面加工实现的，故远离中心的区域温度升高要相对滞后，在模拟结果中可以清楚地看出，在前 100 s 时间内，各点的温度变化较小，超过 100 s 以后，温度出现急剧增加，又因搅拌头走圆形轨迹，特别是在最后一圈远离选择试样的位置，故温度又出现短暂的下降，后续搅拌头移动到试样边缘时，温度又出现急剧增加，形成了如图 5-5 所示的温度随时间变化曲线。从图 5-5 还可以清楚地看到，温度最高出现在搅拌头旋转速度为 900 r/min 时获得的试样上，其温度不到500 ℃，即搅拌摩擦表面加工铜合金表层产生的摩擦温度不到铜合金熔点的一半，属于典型的固态改性。

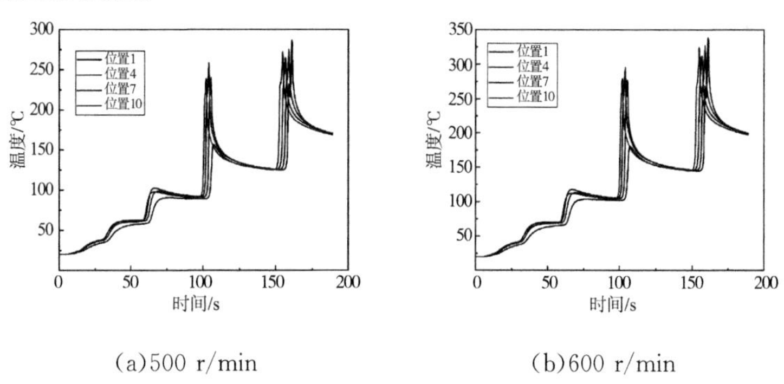

(a)500 r/min　　(b)600 r/min

图 5-5　距离 y 轴 10 mm 且平行于 y 轴各位置的温度随时间变化曲线

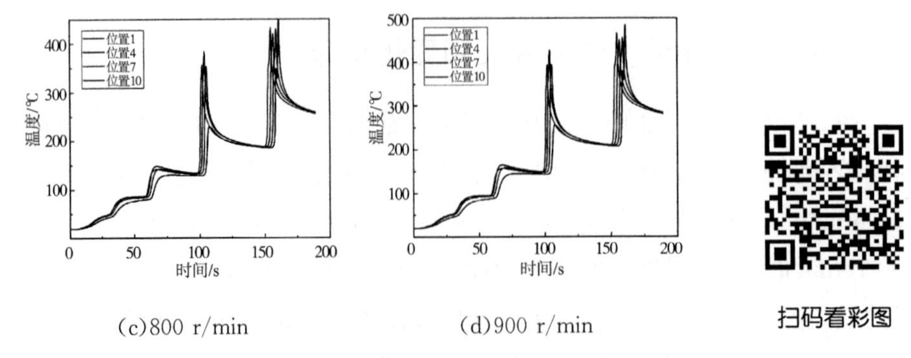

(c)800 r/min　　(d)900 r/min

图 5-5　距离 y 轴 10 mm 且平行于 y 轴各位置的温度随时间变化曲线(续)

图 5-6 为距离 y 轴 25 mm 且平行于 y 轴的 2、5、8、11 四个位置的温度随时间变化曲线。从图 5-6 中可以看出，当搅拌头前进速度固定为 500 mm/min，搅拌头旋转速度分别为 500 r/min、600 r/min、800 r/min 和 900 r/min 时，各点温度随时间变化曲线形状基本相同，但是各点在不同位置的最高温度不同。当搅拌头前进速度固定为 500 mm/min 时，随着搅拌头的旋转速度的增加，各点在相应的位置上的温度也会随之增加。

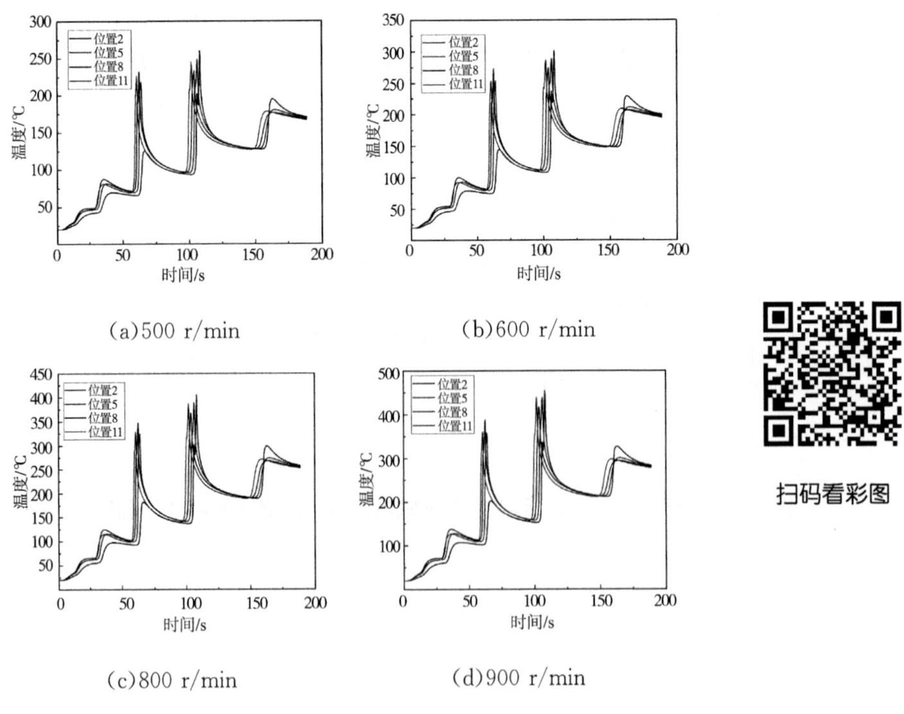

(a)500 r/min　　(b)600 r/min

(c)800 r/min　　(d)900 r/min

图 5-6　距离 y 轴 25 mm 且平行于 y 轴各位置的温度随时间变化曲线

图 5-6 中的温度随时间变化曲线同图 5-5 基本相同，只是第一次出现最高峰的时间不同，在图 5-6 中要靠近 60 s，而图 5-5 中却是在 100 s 以后。这是因为图 5-6 中各点离搅拌开始的位置近，故其温度曲线中的首个最高峰出现得相对早些。

图 5-7 为距离 y 轴 40 mm 且平行于 y 轴的 3、6、9、12 四个位置的温度随时间变化的曲线图。从图 5-7 中可以看出，当搅拌头前进速度固定为 500 mm/min，搅拌头旋转速度分别为 500 r/min、600 r/min、800 r/min 和 900 r/min 时，各点温度随时间变化曲线的形状基本相同，但是各点在不同位置的最高温度不同。当搅拌头前进速度固定为 500 mm/min 时，随着搅拌头的旋转速度的增加，各点在相应的位置上的温度也会随之增加。

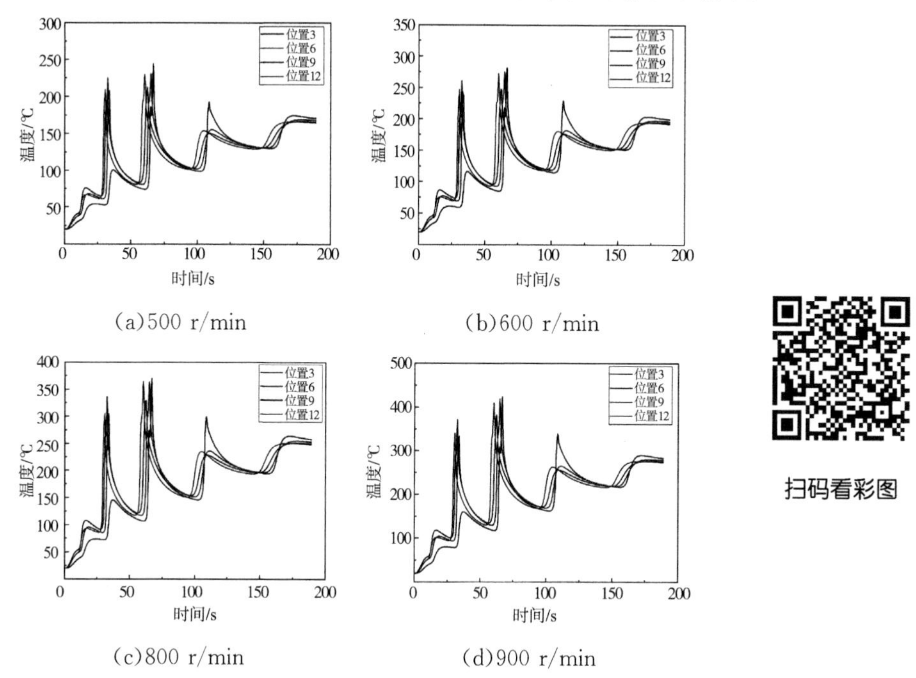

图 5-7　距离 y 轴 40 mm 且平行于 y 轴各位置的温度随时间变化曲线

对比图 5-5、图 5-6 和图 5-7 可以清楚地发现，图 5-7 中温度随时间变化曲线第一次出现最高峰的时间更早，大约在 30 s，这是因为图 5-7 中各点距离搅拌摩擦表面加工起始点位置最近，故其急剧受热的时间最短，温度升高也最快。另外，图 5-5、图 5-6 和图 5-7 中各温度随时间变化曲线均有波峰和波谷，这是因为搅拌头轨迹是圆形的，离某一点的位置会时远时近。

比较图 5-5、图 5-6 和图 5-7 还可以看出，各图中在不同时间段各点出现的最大值也在变化，这是因为搅拌头是按圆形轨迹进行搅拌加工的，且从内到外旋转搅拌，故各点在不同的时间段与搅拌头相对的位置会时近时远，造成在不同的时刻，不同的位置出现温度最大值和最小值的波动变化。

5.3.2　平行于 x 轴的温度场变化规律

图 5-8 为距离 x 轴 10 mm 且平行于 x 轴的 1、2、3 三个位置的温度随时间变化曲线。从图 5-8 中可以看出，当搅拌头前进速度固定为500 mm/min，搅拌头距离 x 轴 10 mm 且平行于 x 轴各点的温度变化曲线速度分别为 500 r/min、600 r/min、800 r/min 和 900 r/min 时，各点温度随时间变化曲线的形状基本相同，但是各点在不同位置的最高温度不同。当搅拌头前进速度固定为 500 mm/min 时，随着搅拌头的旋转速度的增加，各点在相应的位置上的温度也会随之增加。在图 5-8 各分图中，前段 60 s 左右时，位置 3 温度最高，因为其离搅拌摩擦表面加工起始点最近，其次是位置 2，温度最低的是位置 1；中间段 110 s 左右，位置 2 温度最高，其次是位置 3，温度最低是位置 1；后段 160 s 左右时，位置 1 温度最高，其次是位置 2，温度最低的是位置 3，在后半段接近搅拌摩擦表面加工结束部分，位置 1 离得最近，其温度也最高。整个过程因搅拌头轨迹是圆形的，由内到外旋转加工，搅拌头离各点的距离会因搅拌头的旋转轨迹而发生动态变化，故其温度随时间变化曲线也发生不同程度的变化，且不同位置的最高波峰和最低波峰的是交替出现的，这与搅拌头旋转前进位置直接相关。

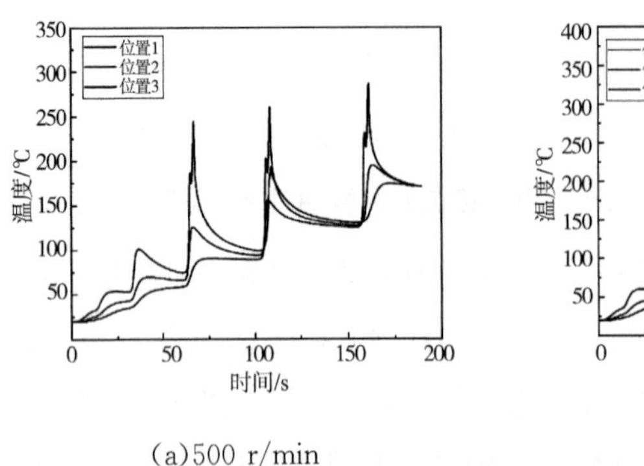

(a)500 r/min

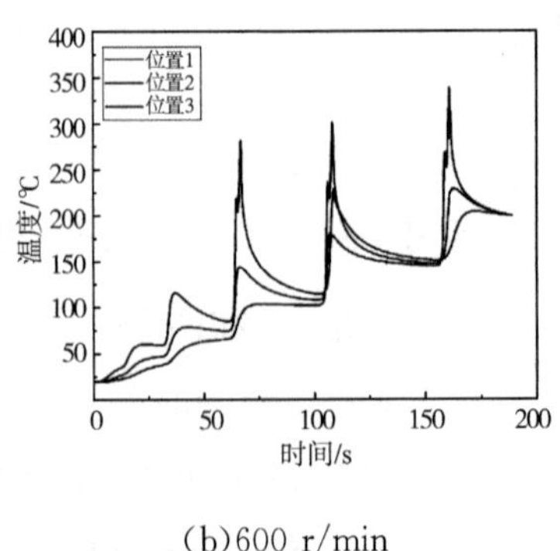

(b)600 r/min

图 5-8　距离 x 轴 10 mm 且平行于 x 轴各位置的温度随时间变化曲线

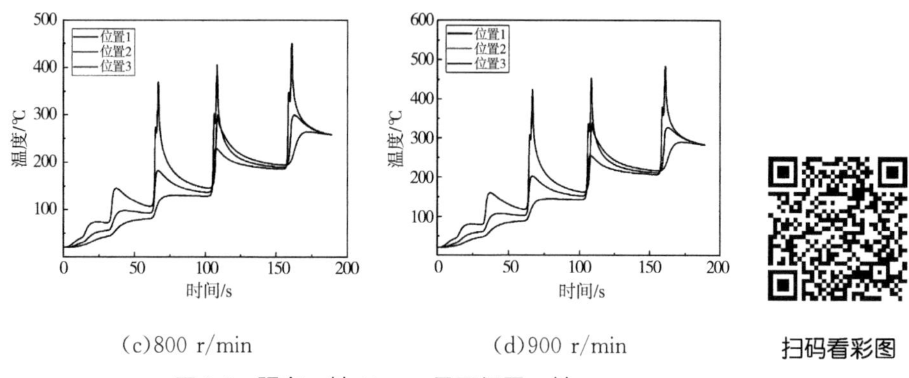

(c)800 r/min　　(d)900 r/min

图 5-8　距离 x 轴 10 mm 且平行于 x 轴各位置的温度随时间变化曲线(续)

图 5-9 为距离 x 轴 35 mm 且平行于 x 轴的 4、5、6 三个位置的温度随时间变化曲线。从图 5-9 中可以看出，当搅拌头前进速度固定为500 mm/min，搅拌头旋转速度分别为 500 r/min、600 r/min、800 r/min 和 900 r/min 时，各点温度随时间变化曲线的形状基本相同，但是各点在不同位置的最高温度不同。当搅拌头前进速度固定为 500 mm/min 时，随着搅拌头的旋转速度的增加，各点在相应的位置上的温度也会随之增加。在图 5-9 各分图中，前段 30～70 s 中，位置 6 温度最高，因为其离搅拌摩擦表面加工起始点最近，其次是位置 5，温度最低的是位置 4；中间段 110 s 左右，位置 5 温度最高，其次是位置 4，温度最低是位置 5；后段 160 s 左右，位置 4 温度最高，因在后半段接近搅拌摩擦表面加工结束部分，位置 4 离得最近，其次是位置 5，温度最低的是位置 6。

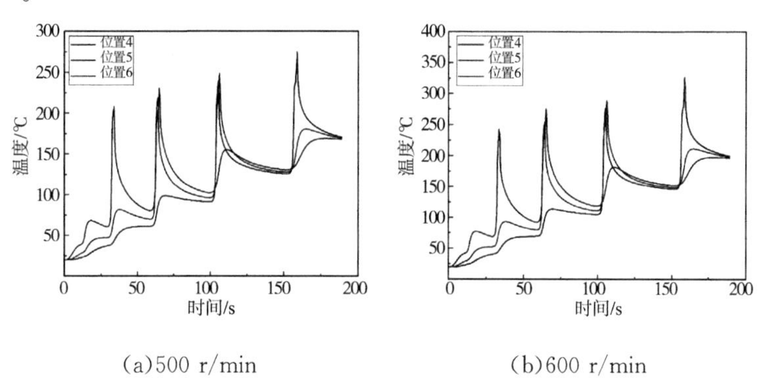

(a)500 r/min　　(b)600 r/min

图 5-9　距离 x 轴 35 mm 且平行于 x 轴各位置的温度随时间变化曲线

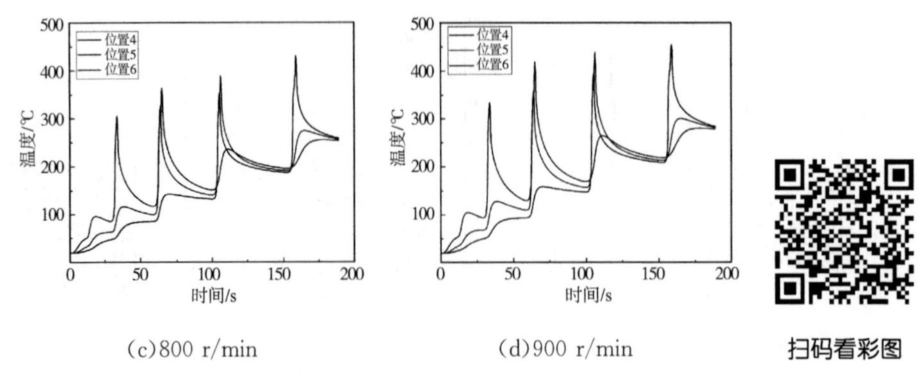

(c)800 r/min　　(d)900 r/min

图 5-9　距离 x 轴 35 mm 且平行于 x 轴各位置的温度随时间变化曲线(续)

图 5-10 为距离 x 轴 65 mm 且平行于 x 轴的 7、8、9 三个位置的温度随时间变化曲线。从图 5-10 中可以看出，当搅拌头前进速度固定为 500 mm/min，搅拌头旋转速度分别为 500 r/min、600 r/min、800 r/min 和 900 r/min 时，各点温度随时间变化曲线的形状基本相同，但是各点在不同位置的最高温度不同。当搅拌头前进速度固定为 500 mm/min 时，随着搅拌头的旋转速度的增加，各点在相应的位置上的温度也会随之增加。在图 5-10 各分图中，前段 30 s 左右，位置 9 温度最高，因其离搅拌摩擦表面加工起始点最近，其次是位置 8，温度最低的是位置 7；60 s 左右，位置 8 温度最高，其次是位置 9，温度最低是位置 7；中间段 110 s 左右，位置 7 温度最高，其次是位置 8，温度最低的是位置 9；160 s 左右，位置 7 温度仍然最高，但位置 8 温度开始降低，温度最低的仍是位置 9。

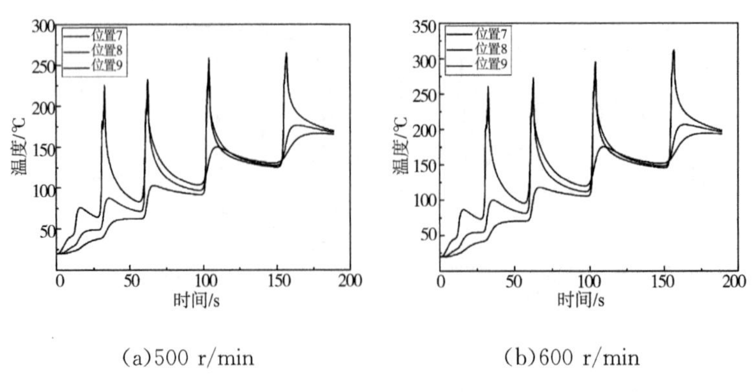

(a)500 r/min　　(b)600 r/min

图 5-10　距离 x 轴 65 mm 且平行于 x 轴各位置的温度随时间变化曲线

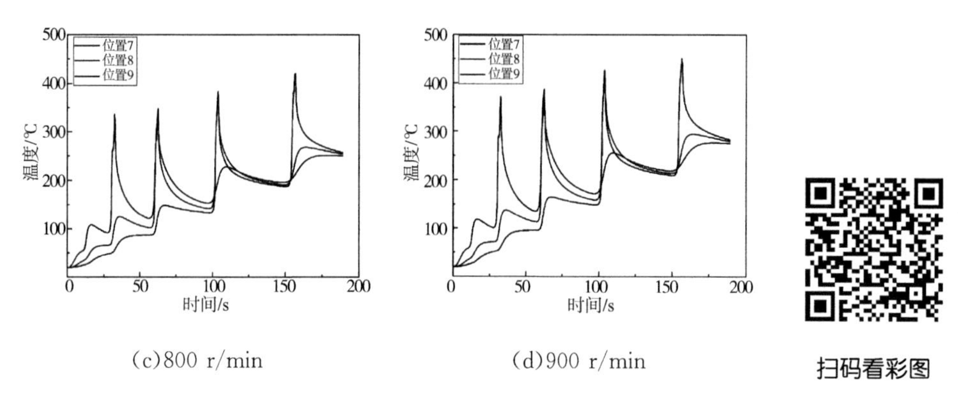

(c)800 r/min　　(d)900 r/min

扫码看彩图

图 5-10　距离 x 轴 65 mm 且平行于 x 轴各位置的温度随时间变化曲线(续)

图 5-11 为距离 x 轴 90 mm 且平行于 x 轴的 10、11、12 三个位置的温度随时间变化曲线。从图 5-11 中可以看出，当搅拌头前进速度固定为 500 mm/min，搅拌头旋转速度分别为 500 r/min、600 r/min、800 r/min 和 900 r/min 时，各点温度随时间变化曲线的形状基本相同，但是各点在不同位置的最高温度不同。当搅拌头前进速度固定为 500 mm/min 时，随着搅拌头的旋转速度的增加，各点在相应的位置上的温度也会随之增加。在图 5-11 各分图中，前段 30 s 左右，位置 12 温度最高，因其离搅拌摩擦表面加工起始点最近，其次是位置 11，温度最低的是位置 10；60 s 左右，位置 12 仍然温度最高，但此时位置 11 的温度升高较快，温度最低的是位置 10；中间段 110 s 左右，位置 11 温度最高，其次是位置 10，温度最低的是位置 12；160 s 左右，位置 10 温度最高，但位置 11 温度下降较快，温度最低的仍然是位置 12。

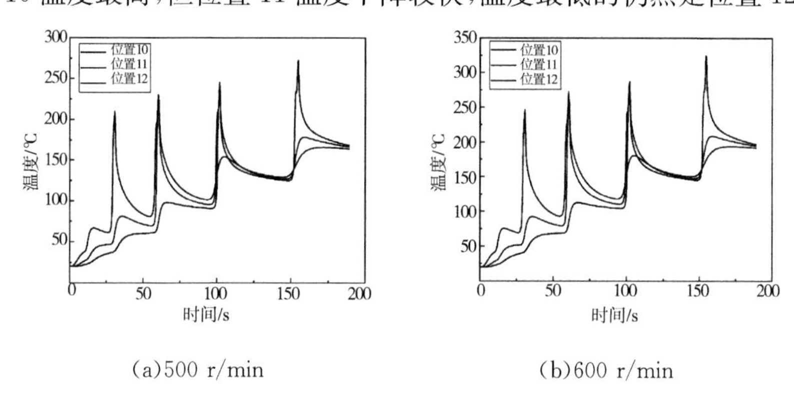

(a)500 r/min　　(b)600 r/min

图 5-11　距离 x 轴 90 mm 且平行于 x 轴各位置的温度随时间变化曲线

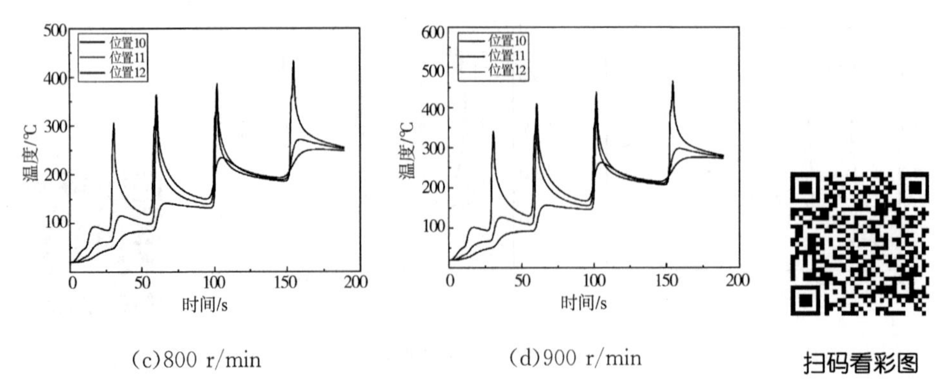

(c)800 r/min　　(d)900 r/min

图 5-11　距离 x 轴 90 mm 且平行于 x 轴各位置的温度随时间变化曲线(续)

5.3.3　各圈结束后温度变化分析

图 5-12 为在不同的搅拌头旋转速度下，以不同的搅拌摩擦表面加工圈数加工结束后的温度值变化曲线，从第一圈到结束圈分别代表搅拌摩擦表面加工最内圈到最外圈。从图 5-12 中可以看出，当搅拌头前进速度固定为 500 mm/min，搅拌头旋转速度分别为 500 r/min、600 r/min、800 r/min 和 900 r/min时，各圈结束后的温度值变化曲线基本相同，在图 5-12(a)和图 5-12(c)中出现的个别突出点，可能是受此处板材组织的影响。各圈不同位置的温度值变化也与前面描述的图 5-5 至图 5-11 相一致，出现这种变化的原因是各点与搅拌头动态运转的位置发生变化。图 5-5 至图 5-11 的不同位置的波峰和波谷出现的时间不同，与实际搅拌摩擦表面加工铜合金改性表层时产生的温度值变化较为一致。

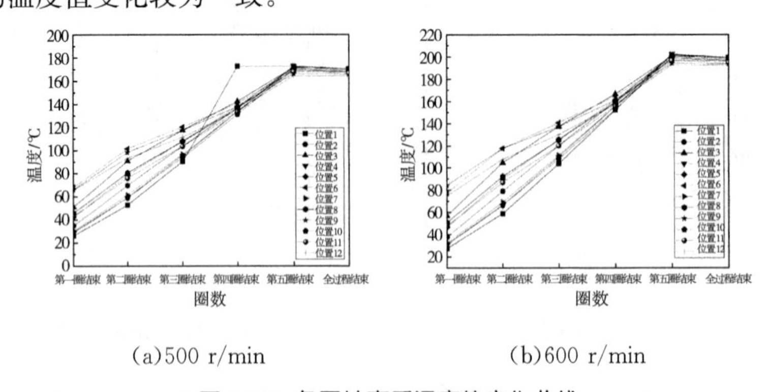

(a)500 r/min　　(b)600 r/min

图 5-12　各圈结束后温度值变化曲线

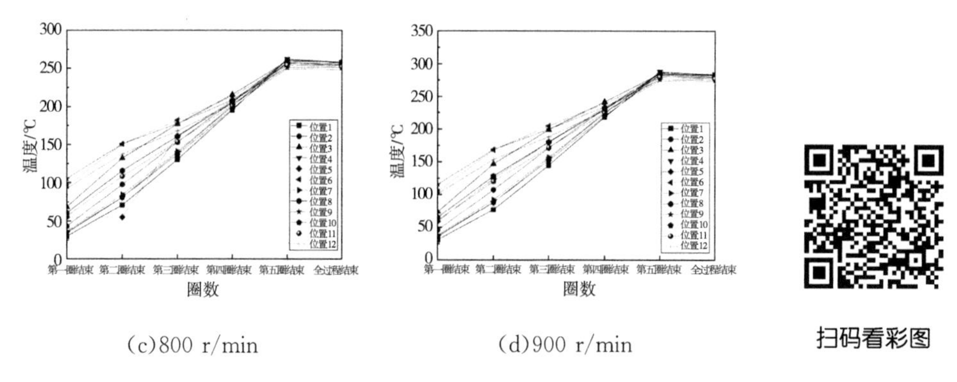

(c)800 r/min　　(d)900 r/min

扫码看彩图

图 5-12　各圈结束后温度值变化曲线(续)

5.3.4　温度场云图分析

图 5-13 为搅拌头旋转速度为 500 r/min 时获得的不同时间段的温度场云图。从图 5-13 可以清楚地看出，红色区域为搅拌头搅拌实时位置点，此处的也为温度最高区域，其对后边温度的影响也是从近到远逐渐降低的，这与前面的各位置温度随时间变化曲线较为一致。图 5-13(a)为开始不久阶段，故在该区域可以看到的温度场云图的变化的全貌，随着搅拌头沿圆形轨迹从内向外运转移动，温度场云图全貌逐渐消失，后续部分位置的温度场分布如图 5-13(c)至图 5-13(f)所示。图 5-13(a)至图 5-13(f)分别为从搅拌头开始加工至搅拌头停止加工的温度场云图，从图 5-13 中可知，红色区域点不断随搅拌头位置的变化而变化，影响图 5-4(b)中各点的温度也随之变化。搅拌头的移动造成最高温度区域不断改变，因此，在图 5-5 至图5-11中显示为不同位置点温度随时间变化曲线的波峰和波谷交替出现。

(a) 18.75 s　　(b) 42.89 s

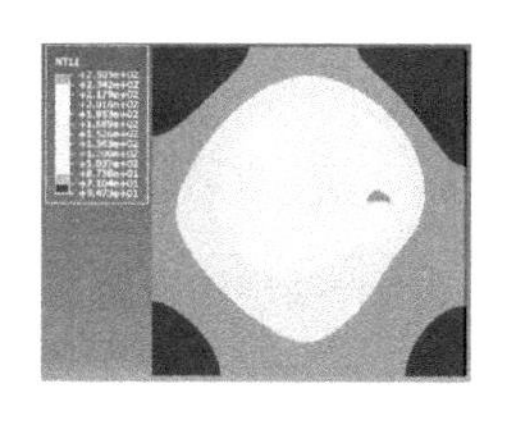

(c) 78.62 s

扫码看彩图

图 5-13　搅拌头旋转速度为 500 r/min 时的温度场云图

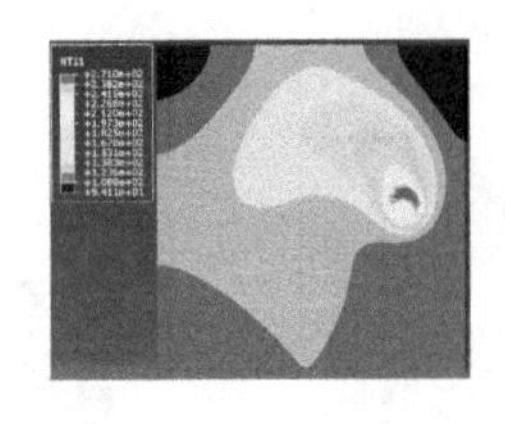
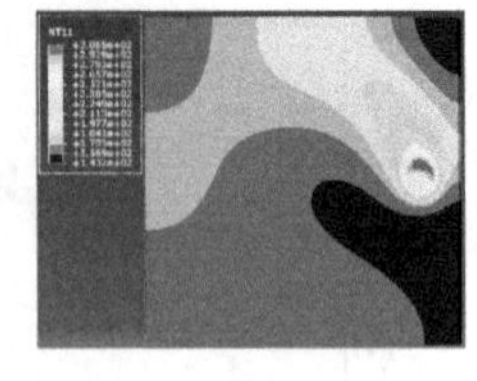
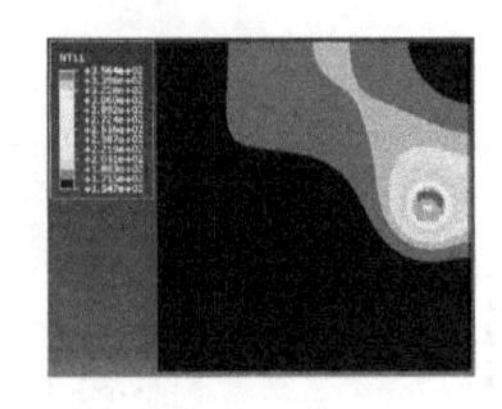

(d) 125.66 s　　(e) 184.01 s　　(f) 189.01 s

图 5-13　搅拌头旋转速度为 500 r/min 时的温度场云图(续)

图 5-14 为搅拌头旋转速度为 600 r/min 时获得的不同时间段的温度场云图。从图 5-14 可以清楚地看出,红色区域为搅拌头搅拌实时位置点,此处的温度也为最高区域,其对后边温度的影响也是从近到远逐渐降低的,这与图 5-13 描述相同。同样,搅拌头的移动造成最高温度区域不断改变,因此,在图 5-5 至图 5-11 中显示为不同位置点温度随时间变化曲线的波峰和波谷交替出现。随搅拌头旋转速度的增加,最高温度值也在不断升高,这与前面的分析基本保持一致。

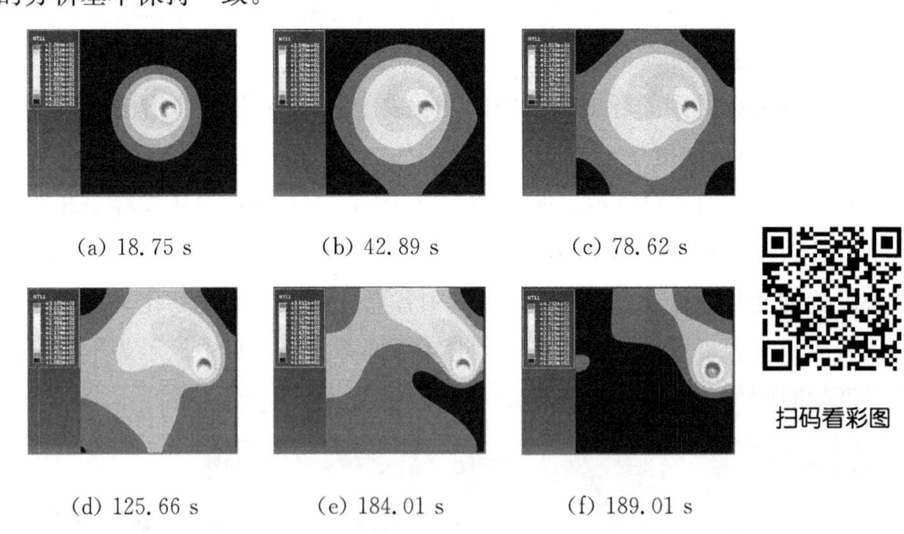

(a) 18.75 s　　(b) 42.89 s　　(c) 78.62 s

(d) 125.66 s　　(e) 184.01 s　　(f) 189.01 s

图 5-14　搅拌头旋转速度为 600 r/min 时的温度场云图

图 5-15 为搅拌头旋转速度为 800 r/min 时获得的不同时间段的温度场云图。从图 5-15 可以清楚地看出,红色区域为搅拌头搅拌实时位置点,此处也为温度的最高区域,其对后边温度的影响也是从近到远逐渐降低的。图5-15 中各分图的云图相貌与图 5-13、图 5-14 基本相同,只是图 5-15 中最高温度值比图 5-13 和图 5-14 高,这是由于图 5-15 中搅拌头旋转速度为800 r/min,在相同

的搅拌头前进速度下，产生的摩擦热较多，故引起的温度值也较高。同样，在图 5-15 中，搅拌头的移动造成最高温度区域不断改变，因此，在图 5-5 至图 5-11 中显示为不同位置点温度随时间变化曲线的波峰和波谷交替出现。

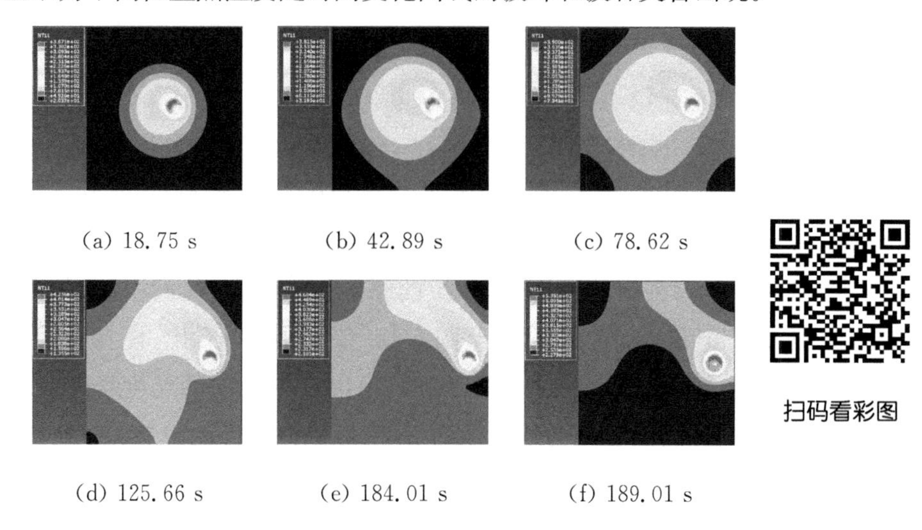

(a) 18.75 s　(b) 42.89 s　(c) 78.62 s

(d) 125.66 s　(e) 184.01 s　(f) 189.01 s

扫码看彩图

图 5-15　搅拌头旋转速度为 800 r/min 时的温度场云图

图 5-16 为搅拌头旋转速度为 900 r/min 时获得的不同时间段的温度场云图。从图 5-16 可以清楚地看出，红色区域为搅拌头搅拌实时位置点，此处也为温度最高的区域，其对后边温度的影响也是由近及远逐渐降低的。图 5-16 中各分图的云图相貌与图 5-13、图 5-14 和图 5-15 基本相同，只是图 5-16 中最高温度值比图 5-13、图 5-14 和图 5-15 高，这是因为图 5-16 中搅拌头旋转速度为 900 r/min，在相同的搅拌头前进速度下，产生的摩擦热要比前面几个旋转速度多，故在局部区域产生的温度也较高，引起局部区域温度升高幅度也较大。同样，在图 5-16 中，搅拌头的移动造成最高温度区域不断改变，因此，在图 5-5 至图 5-11 中显示为不同位置点温度随时间变化曲线的波峰和波谷交替出现。

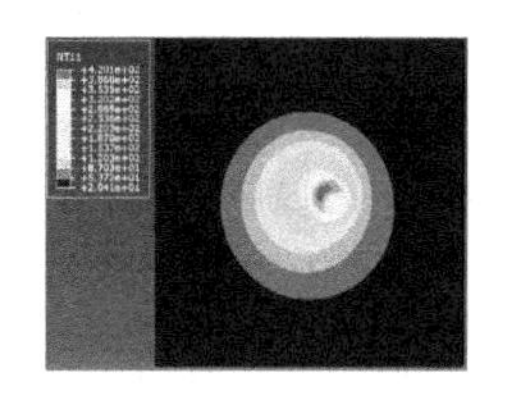

(a) 18.75 s

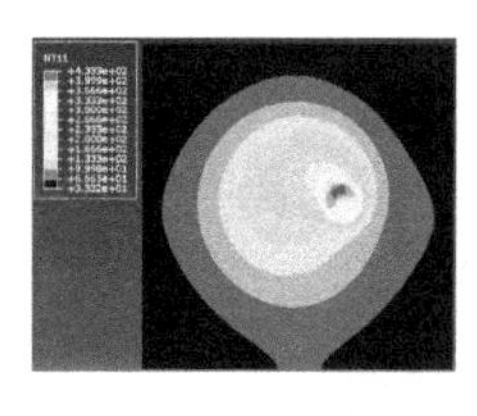

(b) 42.89 s

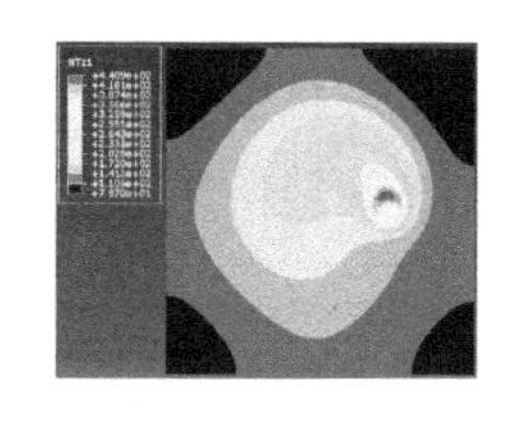

(c) 78.62 s

扫码看彩图

图 5-16　搅拌头旋转速度为 900 r/min 时的温度场云图

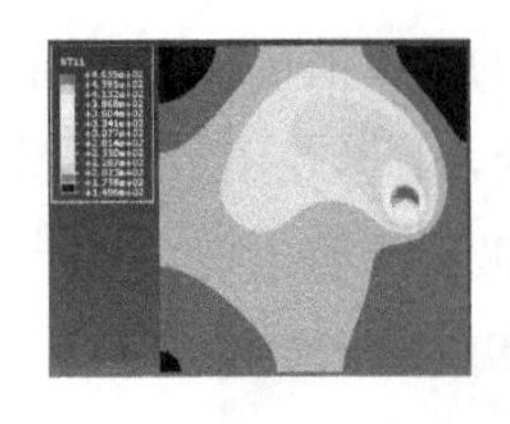
(d) 125.66 s

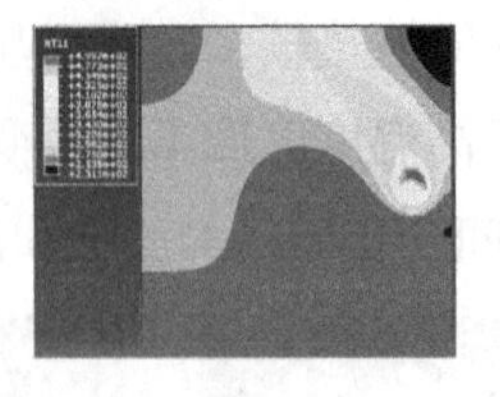
(e) 184.01 s

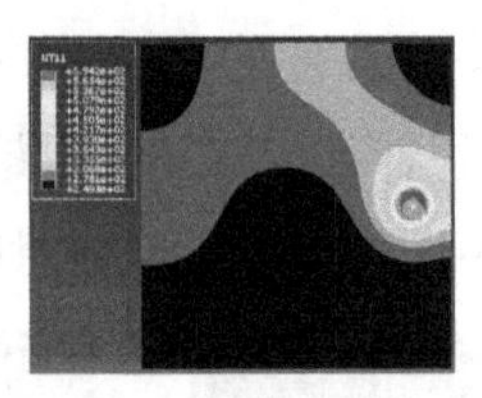
(f) 189.01 s

图 5-16　搅拌头旋转速度为 900 r/min 时的温度场云图(续)

综合图 5-13 至图 5-16 来看,当搅拌头前进速度固定为 500 mm/min 时,随着搅拌头旋转速度的增加,其模拟过程获得的温度场云图形貌基本相同,唯一的差别是随搅拌头旋转速增加,产生的摩擦热会增多,从而引起局部区域的温度升高程度不同。对图 5-13 至图 5-16 整体分析可看出,搅拌摩擦表面加工制备铜合金改性层的模拟是有效的,可以反映真实的温度场变化过程,为实际工程应用提供前期的技术预测支持,以确保改性的成功。

5.4　搅拌摩擦表面加工制备铜合金改性表层应力分析

5.4.1　平行于 y 轴的应力变化规律

图 5-17 为距离 y 轴 10 mm 且平行于 y 轴的 1、4、7、10 四个位置的应力随时间变化曲线。从图 5-17 中可以看出,当搅拌头前进速度固定为 500 mm/min,搅拌头旋转速度分别为 500 r/min、600 r/min、800 r/min 和 900 r/min 时,各点应力随时间变化曲线的形状基本相同,但是各点在不同位置的最高应力不同。当搅拌头前进速度固定为 500 mm/min 时,随着搅拌头的旋转速度的增加,其各点在相应的位置上的应力随之降低。这是因为铜合金表层的改性是从板材中心向周边以圆形轨迹进行搅拌摩擦表面加工的,应力同时受到搅拌头旋转挤压和摩擦热等综合影响,故在远离中心区域的应力升高要相对滞后,模拟结果中可以清楚地看出,在前 100 s 内,各点的应力变化较小,超过 100 s 后温度出现急剧增加,但又因搅拌头走圆形轨迹,特别是在最后一圈,搅拌头远离了选择试样,故其温度和受搅拌头旋转挤压作用力又出现短暂的降低,后搅拌头又移动到试样边缘,其温度和受搅拌头旋转挤

压作用力出现急剧上升，形成了如图 5-17 所示的各试样的应力随时间变化曲线。从图 5-17 还可以清楚地看到，最高应力出现在搅拌头旋转速度为 500 r/min时获得的试样上，其应力不到 130 MPa，这充分说明温度对应力的影响相对于搅拌头旋转挤压作用力要小一点。图 5-17 中的应力随时间变化曲线分布规律同图5-5中温度曲线分布规律一致，这也充分说明温度对某一点的应力变化还是有一定的影响的。

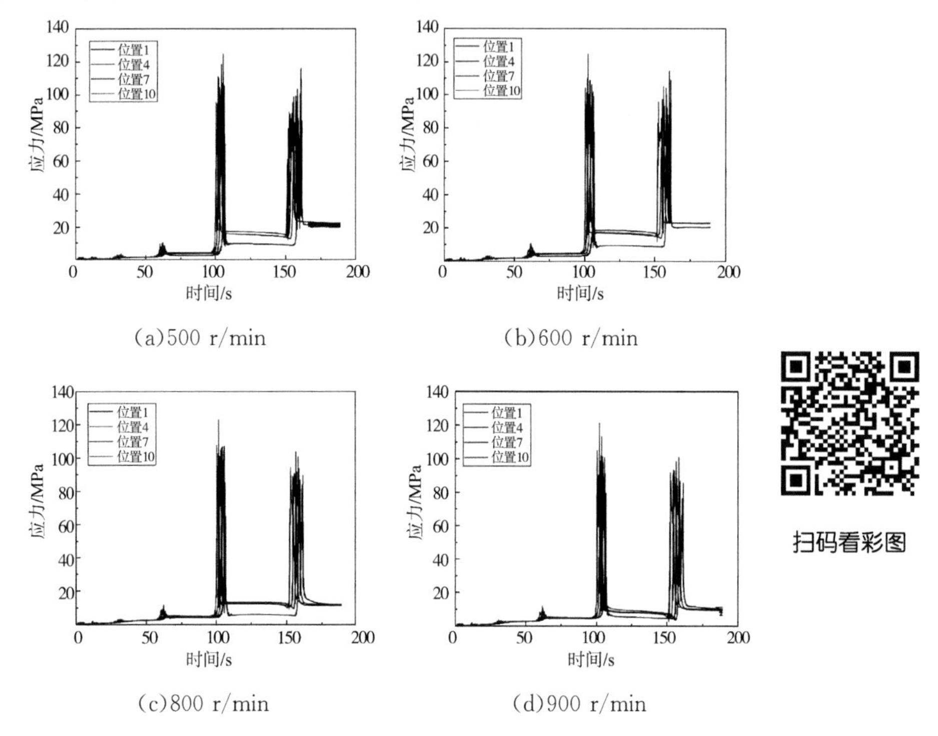

图 5-17　距离 y 轴 10 mm 且平行于 y 轴各位置的应力随时间变化曲线

图 5-18 为距离 y 轴 25 mm 且平行于 y 轴的 2、5、8、11 四个位置的应力随时间变化曲线。从图 5-18 中可以看出，当搅拌头前进速度固定为 500 mm/min，搅拌头旋转速度分别为 500 r/min、600 r/min、800 r/min 和 900 r/min 时，各点应力随时间变化曲线的形状基本相同，但是各点在不同位置的最高应力不同。当搅拌头前进速度固定为 500 mm/min 时，随着搅拌头的旋转速度的增加，各点在相应的位置上的应力会随之降低。

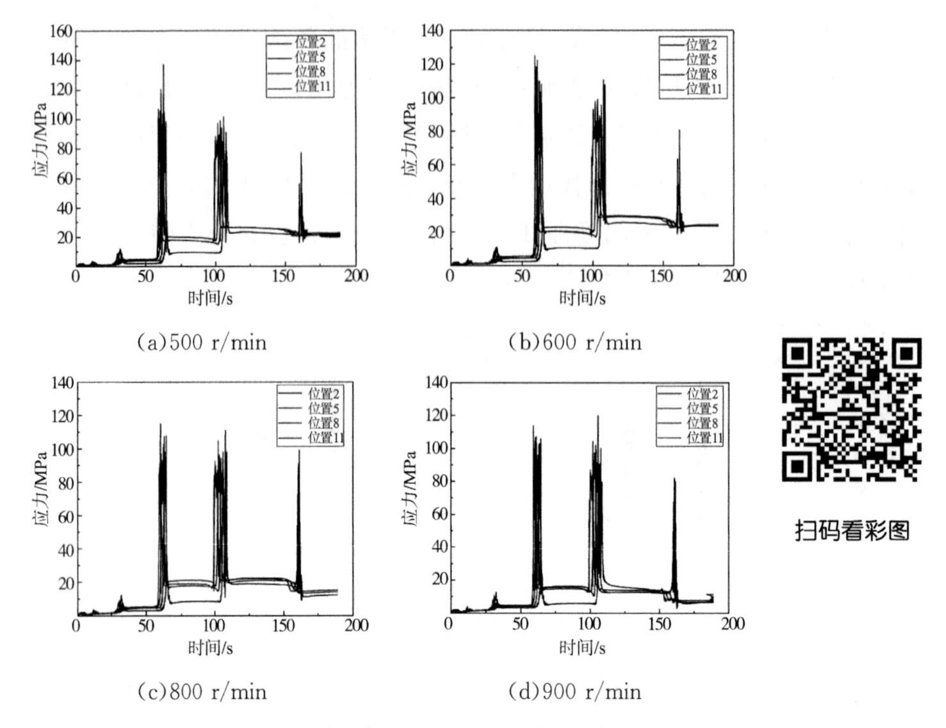

(a)500 r/min (b)600 r/min (c)800 r/min (d)900 r/min

图 5-18 距离 y 轴 25 mm 且平行于 y 轴各位置的应力随时间变化曲线

图 5-18 中出现的应力随时间变化曲线同图 5-17 基本相同，只是最高峰出现的时间不同，在图 5-18 中要靠近 60 s，而图 5-17 中却是在 100 s 以后。这是因为图 5-18 中各点离搅拌初始位置近，故其应力随时间变化曲线中的最高峰来得相对早些。

图 5-19 为距离 y 轴 40 mm 且平行于 y 轴的 3、6、9、12 四个位置的应力随时间变化曲线。从图 5-19 中可以看出，当搅拌头前进速度固定为 500 mm/min，搅拌头旋转速度分别为 500 r/min、600 r/min、800 r/min 和 900 r/min 时，各点应力随时间变化曲线的形状基本相同，但是各点在不同位置的最高应力不同。当搅拌头前进速度固定为 500 mm/min 时，随着搅拌头的旋转速度的增加，各点在相应的位置上的应力会随之降低。

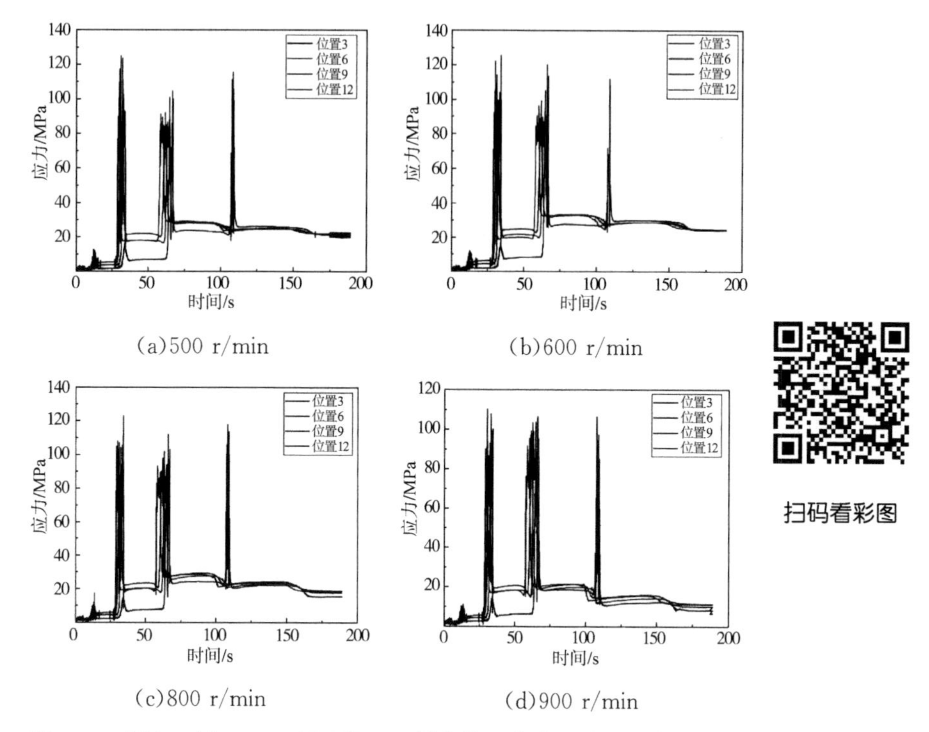

(a)500 r/min　(b)600 r/min

(c)800 r/min　(d)900 r/min

图 5-19　距离 y 轴 40 mm 且平行于 y 轴各位置的应力随时间变化曲线

对比图 5-17、图 5-18 和图 5-19 可以清楚地发现，图 5-19 中应力随时间变化曲线的最高峰出现的时间更早，大约在 30 s，这是因为图 5-19 中各点距离搅拌摩擦表面加工起始点位置最近，故其急剧受热和受搅拌头旋转挤压作用力影响的时间最短，应力升高最快。另外，图 5-17、图 5-18 和图 5-19 中各应力随时间变化曲线均有波峰和波谷出现，这是因为搅拌头轨迹是圆形，距离某一点的位置会时远时近。

比较图 5-17、图 5-18 和图 5-19 还可以看出，各图中在不同时间段各点出现的最高值也在变化，这是因为搅拌头是按照圆形轨迹进行搅拌加工的，且搅拌头由内到外旋转搅拌，故各点在不同的时间段与搅拌头相对的位置会时近时远，造成在不同的时刻，不同的位置出现应力在最高值和最低值之间波动变化。

5.4.2　平行于 x 轴的应力变化规律

图 5-20 为距离 x 轴 10 mm 且平行于 x 轴的 1、2、3 三个位置的应力随时间变化曲线。从图 5-20 中可以看出，当搅拌头前进速度固定为

500 mm/min，搅拌头旋转速度分别为 500 r/min、600 r/min、800 r/min 和 900 r/min 时，各点应力随时间变化曲线的形状基本相同，但是各点在不同位置的最高应力不同。当搅拌头前进速度固定为 500 mm/min 时，随着搅拌头的旋转速度的增加，各点在相应的位置上的应力会随着搅拌头旋转速度的变化而依次在最高值和最低值之间交替变化。在图 5-20 各分图中，前段 60 s 左右，位置 3 的应力最高，因为其离搅拌摩擦表面加工起始点最近，其次是位置 2，应力最低的是位置 1；中间段 110 s 左右，位置 2 的应力逐渐升高，位置 3 的应力逐渐减小，应力最低是位置 1；后段 160 s 左右，位置 1 应力最高，其次是位置 2，应力最低的是位置 3，因在后半段接近搅拌摩擦表面加工结束部分，位置 1 离得最近，故其应力也最高。整个过程因搅拌头按圆形轨迹从内到外旋转搅拌，搅拌头离各点的距离是动态变化的，故应力随时间变化曲线也发生不同程度的变化，且不同位置的最高波峰和最低波峰交替出现，这与搅拌头旋转前进的位置直接相关。

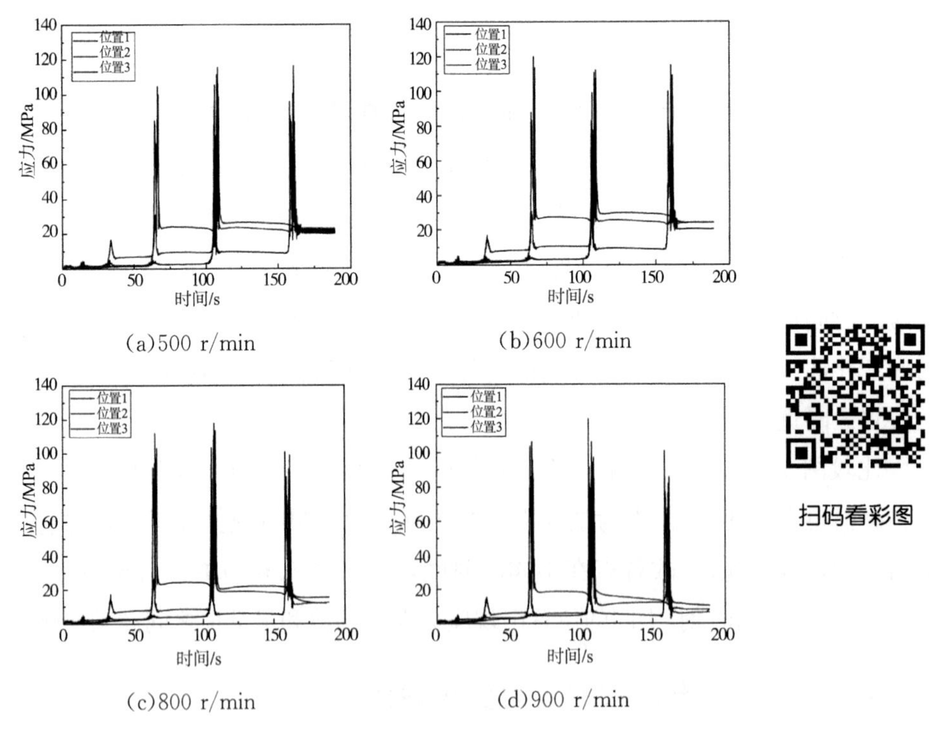

(a)500 r/min　(b)600 r/min

(c)800 r/min　(d)900 r/min

图 5-20　距离 x 轴 10 mm 且平行于 x 轴各位置的应力随时间变化曲线

图 5-21 为距离 x 轴 35 mm 且平行于 x 轴的 4、5、6 三个位置的应力随时

间变化曲线。从图 5-21 中可以看出，当搅拌头前进速度固定为 500 mm/min，搅拌头旋转速度分别为 500 r/min、600 r/min、800 r/min 和 900 r/min 时，各点应力随时间变化曲线的形状基本相同，但各点在不同位置的最高应力不同，当搅拌头前进速度固定为 500 mm/min 时，随着搅拌头的旋转速度的增加，各点在相应的位置上的应力会随拌头旋转速度的变化依次在最高值到最低值之间交替变化。图 5-21 中各图中，前段 30～40 s 中，位置 6的应力最高，因为其离搅拌摩擦表面加工起始点最近，其次是位置 6，应力最低的是位置 4；在 50 s 左右，位置 5 和位置 6 交替出现应力最高值，应力最低的是位置 4；110 s 左右，位置 4 和位置 5 出现应力最高值，应力最低是位置 6；后段160 s左右，位置 4 的应力最高，其次是位置 6，应力最低的是位置 5，在后半段接近搅拌摩擦表面加工结束部分，位置 4 离得最近，其应力也最高。

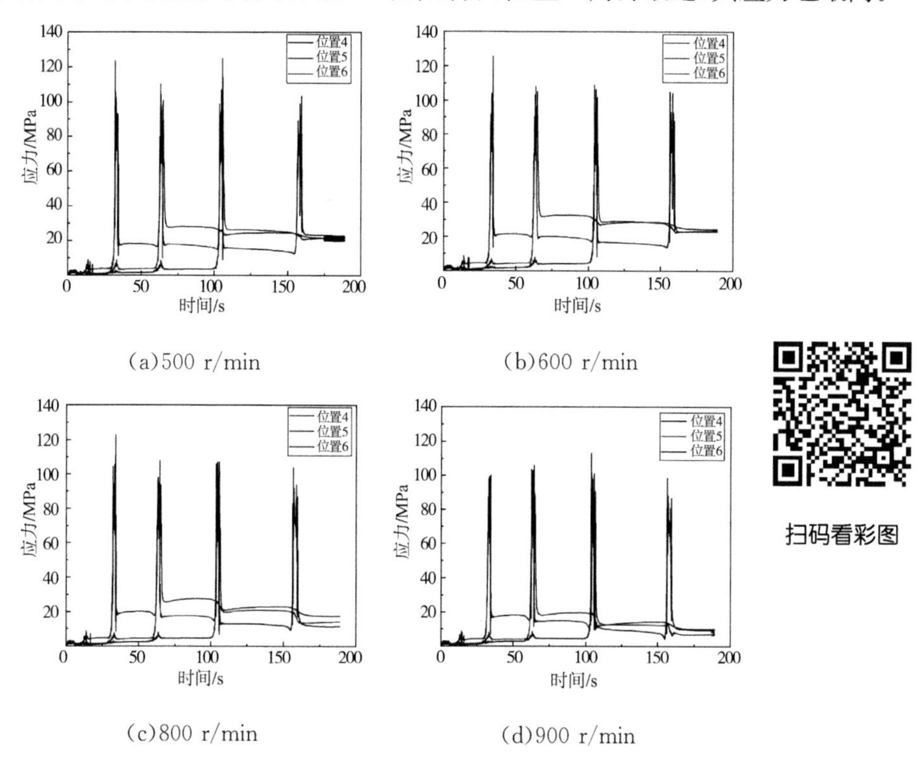

图 5-21　距离 x 轴 35 mm 且平行于 x 轴各位置的应力随时间变化曲线

图 5-22 为距离 x 轴 65 mm 且平行于 x 轴的 7、8、9 三个位置的应力随时间变化曲线。从图 5-22 中可以看出，当搅拌头前进速度固定为

500 mm/min,搅拌头旋转速度分别为 500 r/min、600 r/min、800 r/min 和 900 r/min 时,各点应力随时间变化曲线的形状基本相同,但是各点在不同位置的最高应力不同。当搅拌头前进速度固定为 500 mm/min 时,随着搅拌头的旋转速度的增加,各点在相应的位置上的应力也会随之降低。在图 5-22 各分图中,前段 30 s 左右,位置 9 的应力最高,因为其离搅拌摩擦表面加工起始点最近,其次是位置 8,应力最低的是位置 7;60 s 左右,8 位置的应力最高,其次是位置 9,应力最低的是位置 7;中间段 110 s 左右,位置 7 的应力最高,其次是位置 8,应力最低的是位置 9;160 s 左右,位置 7 的应力仍然最高,但位置 8 的应力开始降低,应力最低的仍然是位置 9。

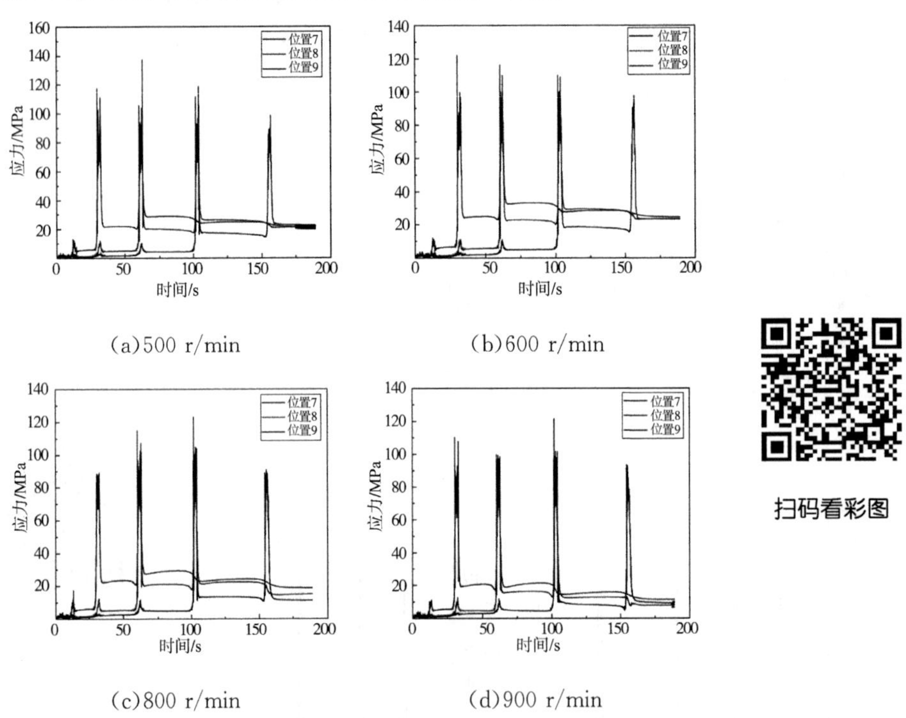

(a)500 r/min　(b)600 r/min

(c)800 r/min　(d)900 r/min

图 5-22　距离 x 轴 65 mm 且平行于 x 轴各位置的应力随时间变化曲线

图 5-23 为距离 x 轴 90 mm 且平行于 x 轴的 10、11、12 三个位置的应力随时间变化曲线。从图 5-23 中可以看出,当搅拌头前进速度固定为 500 mm/min,搅拌头旋转速度分别为 500 r/min、600 r/min、800 r/min 和 900 r/min时,各点应力随时间变化曲线的形状基本相同,但各点在不同位置的最高应力不同,当搅拌头前进速度固定为 500 mm/min 时,随着搅拌头的旋转

速度的增加,各点在相应的位置上的应力也会随之降低。在图5-23各分图中,前段30 s左右,位置12的应力最高,因为其离搅拌摩擦表面加工起始点最近,其次是位置11,应力最低的是位置10;60 s左右,位置11的应力最高,其次为位置12,应力最低的是位置10;中间段110 s左右,位置10的应力最高,其次是位置11,应力最低的是位置12;160 s左右,位置10的应力最高,其次为位置12,应力最低的是位置11。

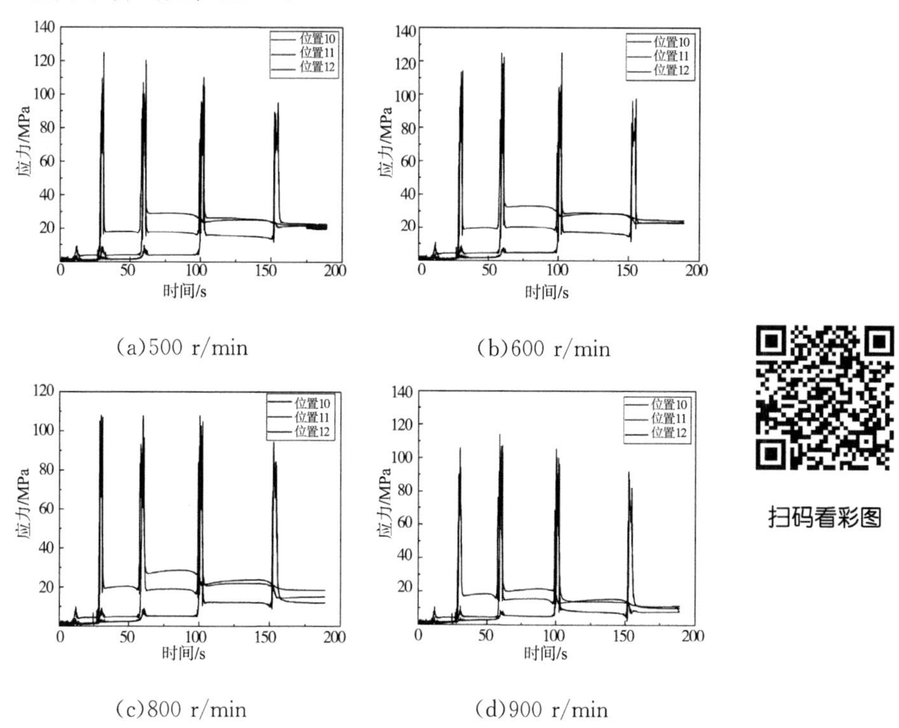

(a)500 r/min　(b)600 r/min

(c)800 r/min　(d)900 r/min

图5-23　距离x轴90 mm且平行于x轴各位置的应力随时间变化曲线

5.4.3　应力云图分析

图5-24为搅拌头旋转速度为500 r/min时获得的不同时间段的应力云图。从图5-24可以清楚地看出,红色包围区域为搅拌头搅拌实时位置点,此处也为应力最高的区域,其对后面应力的影响也是由近及远逐渐降低的,这与前面的各选择点应力随时间变化曲线变化较为一致。图5-24(a)为起始阶段,故在区域内可以看到搅拌头在圆心中间点的应力变化,从图5-24(b)至图5-24(f)可以看出,随着搅拌头沿圆形轨迹从内向外运转移动时,应力云图的

浅绿色区域逐渐增大。图 5-24(a)至图 5-24(f)分别展示出从搅拌头开始加工至搅拌头停止加工的具体的应力云图,从图 5-24 中可知,红色包围区域点不断随搅拌头位置变化而变化,使图 5-4(b)中各采集点的应力也随之变化。又因为搅拌头的移动造成最高应力区域不断改变,因此,在图 5-17 至图 5-23 中显示为不同位置点应力随时间变化曲线的波峰和波谷交替出现。

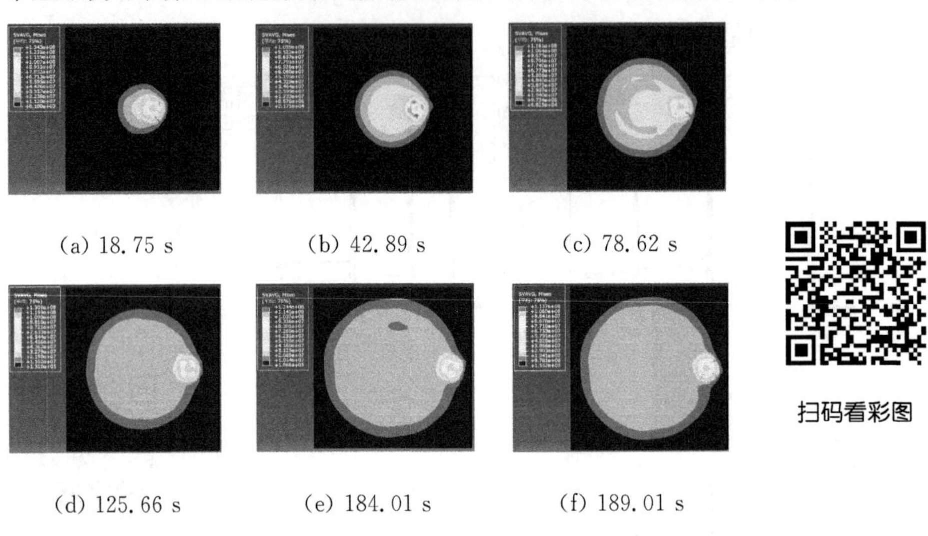

(a) 18.75 s　(b) 42.89 s　(c) 78.62 s

(d) 125.66 s　(e) 184.01 s　(f) 189.01 s

扫码看彩图

图 5-24　搅拌头旋转速度为 500 r/min 时的应力云图

图 5-25 为搅拌头旋转速度为 600 r/min 时获得的不同时间段的应力云图。从图 5-25 可以清楚地看出,红色包围区域为搅拌头搅拌实时位置点,此处也为应力最高的区域,其对后面应力的影响也是由近及远逐渐降低的,这与图 5-24 描述相同。同样,搅拌头的移动造成最高应力区域不断改变,因此,在图 5-17 至图 5-23 中显示为不同位置点应力随时间变化曲线的波峰和波谷交替出现。随搅拌头旋转速度的增加,最高应力值也在不断增加,这与前面的分析基本保持一致。

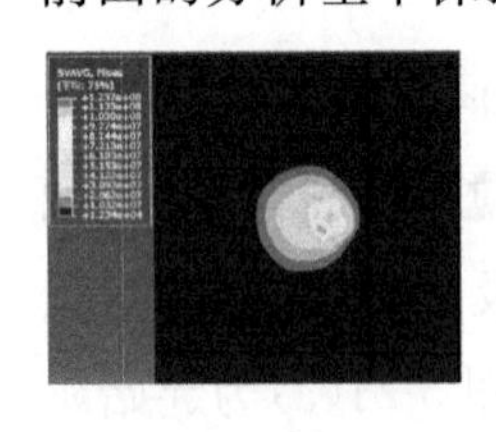

(a) 18.75 s

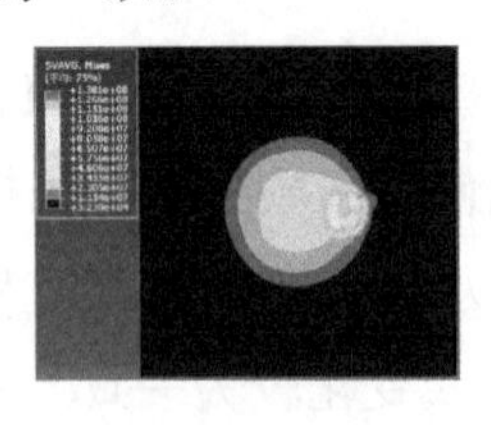

(b) 42.89 s

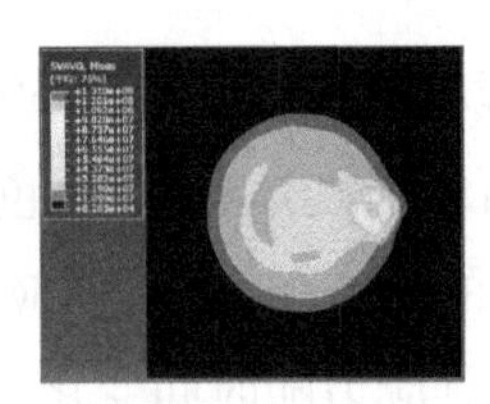

(c) 78.62 s

扫码看彩图

图 5-25　搅拌头旋转速度为 600 r/min 时的应力云图

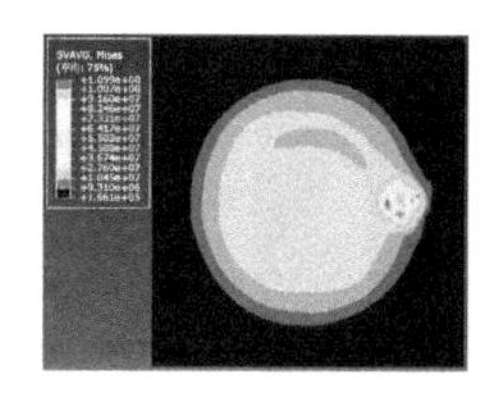

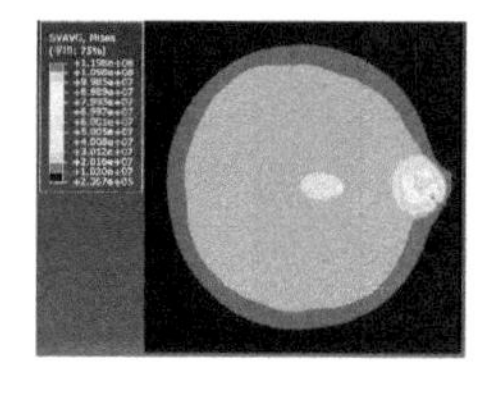

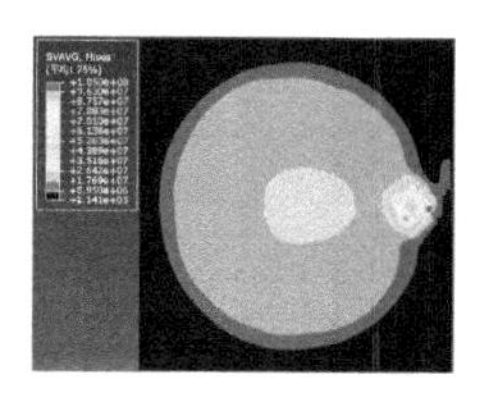

(d) 125.66 s　　(e) 184.01 s　　(f) 189.01 s

图 5-25　搅拌头旋转速度为 600 r/min 时的应力云图(续)

图 5-26 为搅拌头旋转速度为 800 r/min 时获得的不同时间段的应力云图。从图 5-26 可以清楚地看出,红色包围区域为搅拌头搅拌实时位置点,此处也为应力最高的区域,其对后面应力的影响也是由近及远逐渐降低的。图 5-26 中各应力云图相貌与图 5-24 和图 5-25 基本相同。在图 5-26 中,搅拌头的移动造成最高应力区域不断改变,因此,在图 5-17 至图 5-23 中显示为不同位置点应力随时间变化曲线的波峰和波谷交替出现。

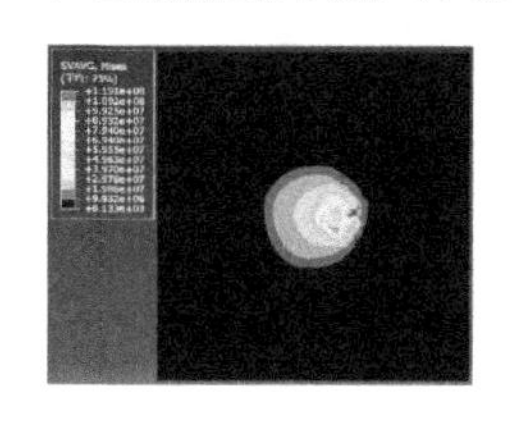

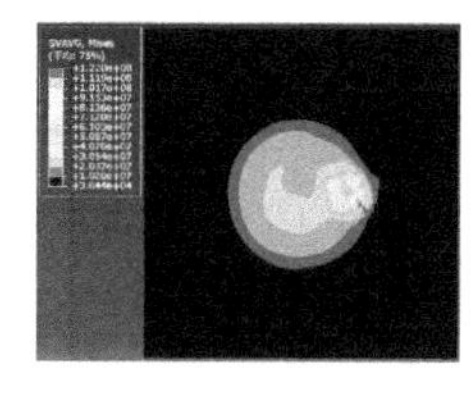

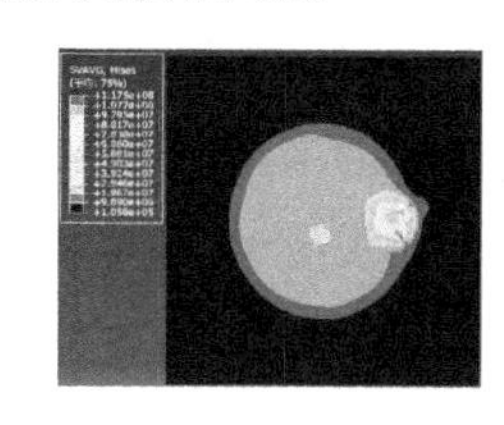

(a) 18.75 s　　(b) 42.89 s　　(c) 78.62 s

扫码看彩图

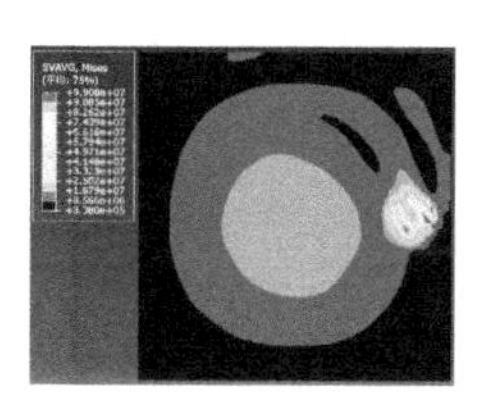

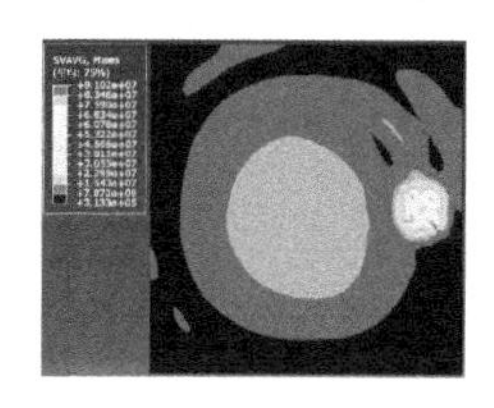

(d) 125.66 s　　(e) 184.01 s　　(f) 189.01 s

图 5-26　搅拌头旋转速度为 800 r/min 时的应力云图

图 5-27 为搅拌头旋转速度为 900 r/min 时获得的不同时间段的应力云图。从图 5-27 可以清楚地看出,红色包围区域为搅拌头搅拌实时位置点,此处也为应力最高的区域,其对后面应力的影响也是由近及远逐渐降低的。图 5-27 中各应力云图相貌与图 5-24、图 5-25 和图 5-26 基本相同。在图 5-27 中,搅拌头的移动造成最高应力区域不断改变,因此,在图 5-17 至图 5-24 中显示为不同位置点应力随时间变化曲线的波峰和波谷交替出现。

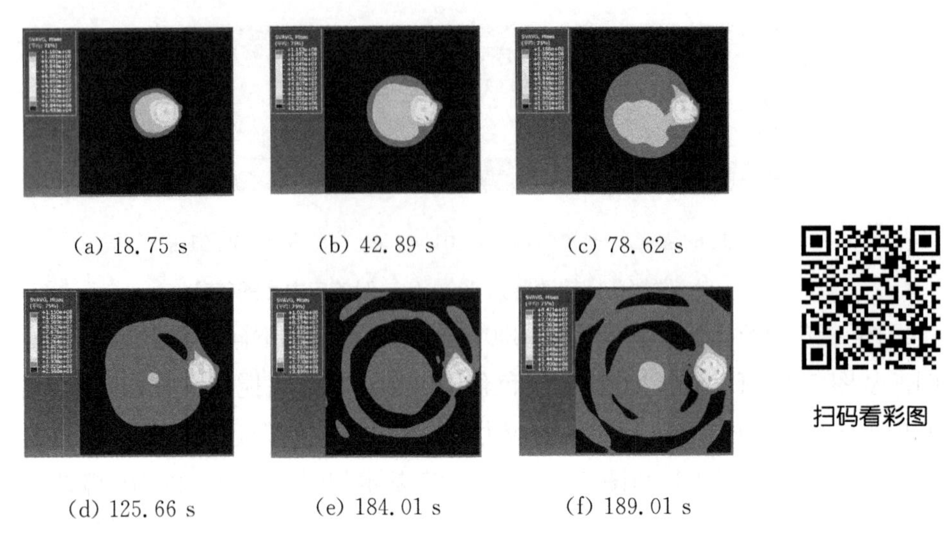

(a) 18.75 s　(b) 42.89 s　(c) 78.62 s

(d) 125.66 s　(e) 184.01 s　(f) 189.01 s

扫码看彩图

图 5-27　搅拌头旋转速度为 900 r/min 时的应力云图

综合图 5-24 至图 5-27 来看，当搅拌头前进速度固定为 500 mm/min 时，随着搅拌头旋转速度的增加，其模拟过程获得的应力云图形貌基本相同，唯一的差别是随着搅拌头旋转速的增加，产生应力变化不同，这是搅拌摩擦产生的摩擦热和搅拌头旋转加压作用力综合作用的结果。从图5-24至图 5-27 可以看出，搅拌摩擦表面加工制备铜合金改性层的模拟是有效的，可以反映真实的应力变化过程，可以为实际工程应用提供前期的技术预测支持，确保改性的有效实现。

5.5　搅拌摩擦表面加工制备铜合金改性表层应变分析

5.5.1　平行于 y 轴的应变变化规律

图 5-28 为距离 y 轴 10 mm 且平行于 y 轴的 1、4、7、10 四个位置的应变值随时间变化曲线。从图 5-28 中可以看出，当搅拌头前进速度固定为 500 mm/min，搅拌头旋转速度分别为 500 r/min、600 r/min、800 r/min 和 900 r/min 时，各点应变值随时间变化曲线的形状基本相同，但是各点在不同位置的最高应变值不同，当搅拌头前进速度固定为 500 mm/min 时，随着搅

拌头的旋转速度的增加，各点在相应的位置上的应变值随之升高。铜合金表层改性是从板材中心向周边以圆形轨迹进行搅拌摩擦表面加工的，且与应力不同，应变受温度和搅拌头旋转挤压作用力综合影响更大，故在所有试样中，其应变值在前100 s几乎没有变化，因为在前100 s温度和搅拌头旋转挤压作用力较小，故在前100 s应变几乎为零。随着时间的推移，应变峰值逐渐增加。出现应变值曲线波峰和波谷的变化是因为搅拌头不断运动，离观测点时近时远。从图5-28中可以清楚地看出，搅拌头旋转速度对应变值的影响较大，其是引起应变的关键指标之一。

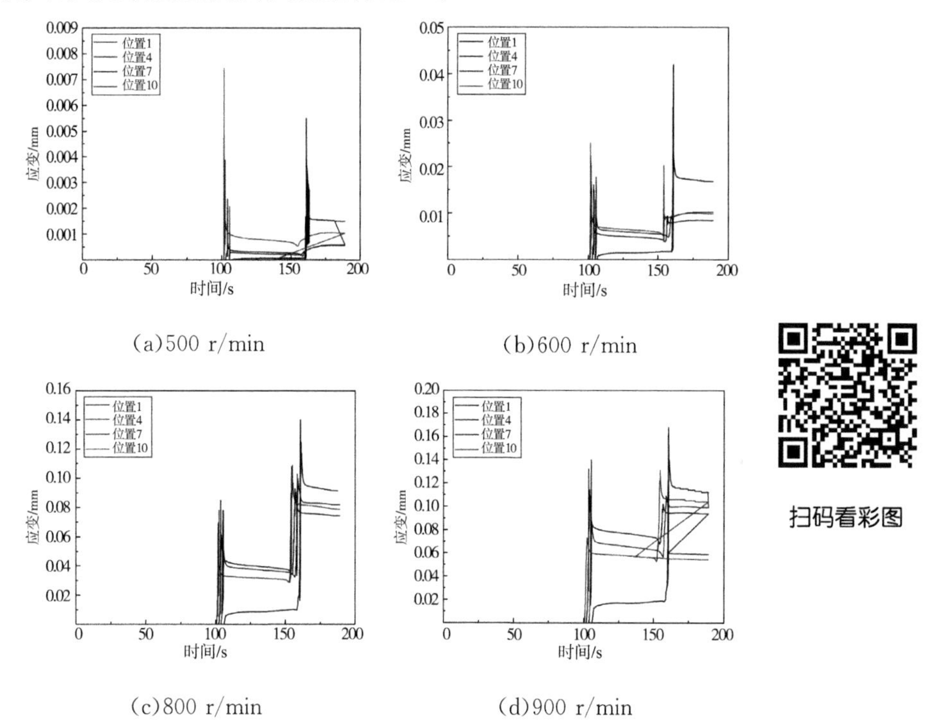

(a)500 r/min (b)600 r/min

(c)800 r/min (d)900 r/min

图5-28 距离y轴10 mm且平行于y轴各位置的应变值随时间变化曲线

图5-29为距离y轴25 mm且平行于y轴的2、5、8、11四个位置的应变值随时间变化曲线。从图5-29中可以看出，当搅拌头前进速度固定为500 mm/min，搅拌头旋转速度分别为500 r/min、600 r/min、800 r/min和900 r/min时，各点应变值随时间变化曲线的形状基本相同，但是各点在不同位置的最高应变值不同，当搅拌头前进速度固定为500 mm/min时，随着搅拌头的旋转速度的增加，各点在相应的位置上的应变值也会随之升高。从图5-29

中还可以看出，当搅拌头旋转速度为 500 r/min 时，产生的摩擦热相对较少，故对后续点的应变影响较小，当搅拌头移动到其周边时，引起应变值曲线波峰与波谷的持续时间增长，故降低搅拌头旋转速度能够抑制应变值的升高。

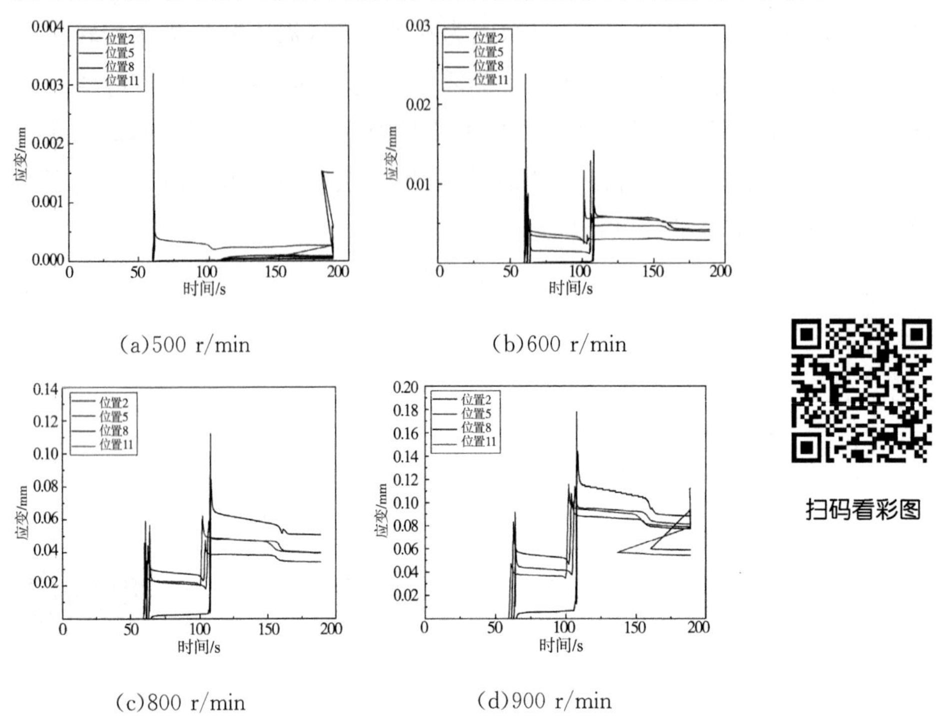

(a)500 r/min　(b)600 r/min

(c)800 r/min　(d)900 r/min

图 5-29　距离 y 轴 25 mm 且平行于 y 轴各位置的应变值随时间变化曲线

图 5-29 中出现的应变值随时间变化曲线同图 5-28 基本相同，只是峰值首次出现的时间不同，在图 5-29 中要靠近 60 s，而图 5-28 中却是在 100 s 以后。这是因为图 5-29 中各点离搅拌起始位置近，故其应变值曲线中的峰值来得相对早些。

图 5-30 为距离 y 轴 40 mm 且平行于 y 轴的 3、6、9、12 四个位置的应变值随时间变化曲线。从图 5-30 中可以看出，当搅拌头前进速度固定为 500 mm/min，搅拌头旋转速度分别为 500 r/min、600 r/min、800 r/min 和 900 r/min 时，各点应变值随时间变化曲线的形状基本相同，但是各点在不同位置的最高应变值不同，当搅拌头前进速度固定为 500 mm/min 时，随着搅拌头的旋转速度的增加，各点在相应的位置上的应变值也会随之升高。

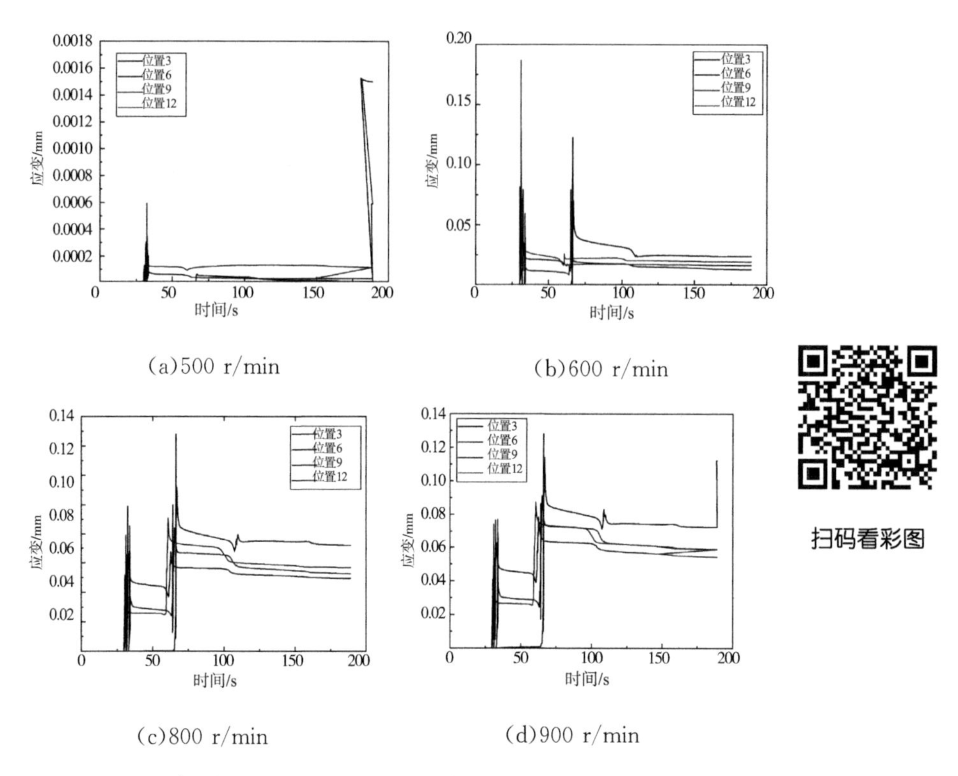

(a)500 r/min　　(b)600 r/min

(c)800 r/min　　(d)900 r/min

图 5-30　距离 y 轴 40 mm 且平行于 y 轴各位置的应变值随时间变化曲线

对比图 5-28、图 5-29 和图 5-30 可以清楚地发现，图 5-30 中应变值随时间变化曲线的首次峰值出现的时间更早，大约在 30 s，这是因为图 5-30 中各点距离搅拌摩擦表面加工起始点位置最近，故其急剧受热和受搅拌头旋转挤压作用力影响的时间最短，应变值升高也最快。另外，图 5-28、图 5-29 和图 5-30 中各应变值曲线中均有波峰和波谷出现，这是因为搅拌头轨迹是圆形的，距离某一点的位置会时远时近。

比较图 5-17、图 5-18 和图 5-19 还可以看出，各图中在不同时间段各点出现的最大值也在变化，这是因为搅拌头是按照圆形轨迹进行搅拌加工的，且为由内到外旋转搅拌，故各点在不同的时间段与搅拌头相对的位置时近时远，造成在不同的时刻，不同的位置出现的应变最高值和最低值的波动变化。从图 5-30(a)还可以看出，当搅拌头旋转速度为 500 r/min 时，产生的摩擦热相对较少，故对后续点的应变影响较小，当搅拌头移动到其周边时，引起应变值曲线波峰与波谷的持续时间增长，故降低搅拌头旋转速度能够抑制应变值的升高。

5.5.2 平行于 x 轴的应变变化规律

图 5-31 为距离 x 轴 10 mm 且平行于 x 轴的 1、2、3 三个位置的应变值随时间变化曲线。从图 5-31 中可以看出，当搅拌头前进速度固定为 500 mm/min，搅拌头旋转速度分别为 500 r/min、600 r/min、800 r/min 和 900 r/min 时，各点应变值随时间变化曲线的形状基本相同，但是各点在不同位置的最高应变值不同。当搅拌头前进速度固定为 500 mm/min 时，随着搅拌头的旋转速度的增加，各点在相应的位置上的应变值会随之升高。图 5-31(a)中，前段 60 s 左右，仅位置 3 出现应变值起伏，因为其离搅拌摩擦表面加工起始点最近，到了 110 s 左右后，在位置 2 上出现了应变，到了 160 s 左右后，在位置 1 出现极大的应变；图 5-31(b)和(c)中，60 s 左右在位置 3 出现最大的应变，110s 左右在位置 3 出现最大的应变，160 s 左右在位置 1 上出现最大的应变，同时，在图 5-31(b)和(c)中还可以看到，各位置应变值呈梯度增加。在图 5-31(d)中，应变值曲线的变化形状同图 5-31(b)和(c)一样，但在图 5-31(d)中，各位置的应变值不是呈梯度变化的，而是先增加后减小的。不同位置的应变值曲线的最高波峰和最低波峰是交替出现的，这与搅拌头旋转前进位置直接相关。

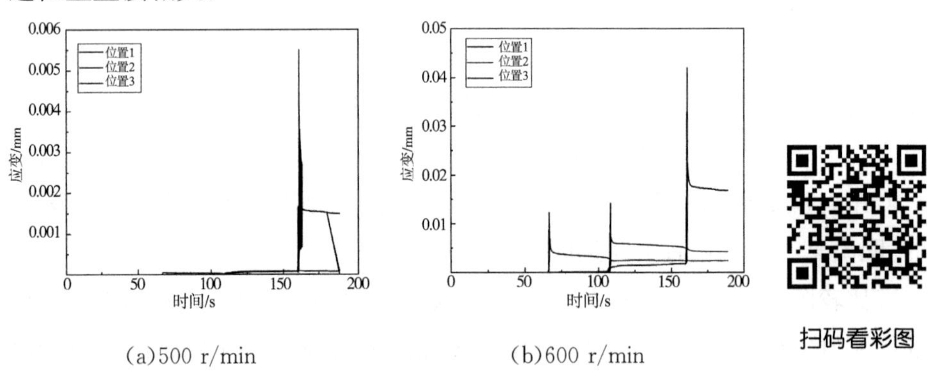

(a)500 r/min (b)600 r/min

图 5-31 距离 x 轴 10 mm 且平行于 x 轴各位置的应变值随时间变化曲线

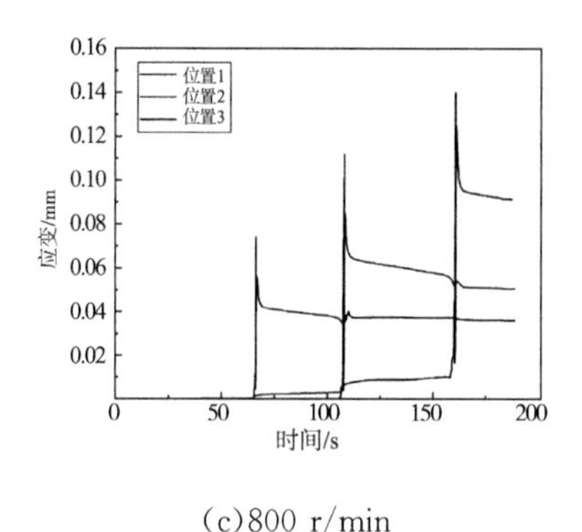

(c)800 r/min

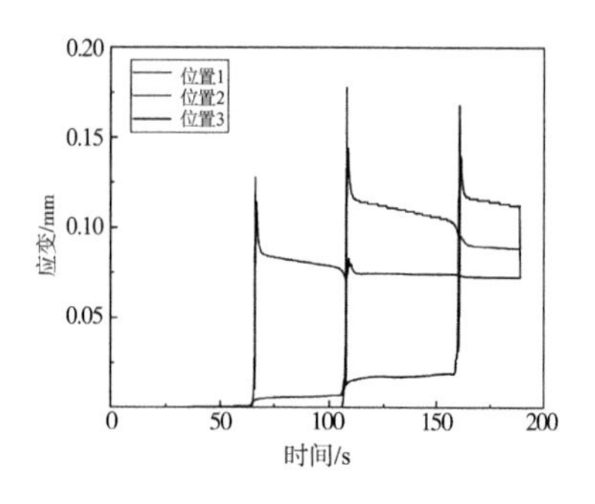

(d)900 r/min

图 5-31　距离 x 轴 10 mm 且平行于 x 轴各位置的应变值随时间变化曲线(续)

图 5-32 为距离 x 轴 35 mm 且平行于 x 轴的 4、5、6 三个位置的应变值随时间变化曲线。从图 5-32 中可以看出，当搅拌头前进速度固定为 500 mm/min，搅拌头旋转速度分别为 500 r/min、600 r/min、800 r/min 和 900 r/min 时，各点应变值随时间变化曲线的形状基本相同，但是各点在不同位置的最高应变值不同，当搅拌头前进速度固定为 500 mm/min 时，随着搅拌头的旋转速度的增加，各点在相应的位置上的应变值会随搅拌头旋转速度的变化而升高。图5-32(a)中，前 100 s 各点的应变值几乎为零，在 110 s 左右才出现应变值曲线的波峰、波谷。观察图 5-31(b)～(d)，前段 30～40 s 中，位置 6 的应变值最高，因为其离搅拌摩擦表面加工起始点最近，其次是位置 5，应变值最低的是位置 4；在 60 s 左右，位置 5 和位置 6 交替出现应变最高值，应变值最低的是位置 4；110 s 左右，位置 4 的应变值最高，其次是位置 5，应变值最低是位置 6；后段 160 s 左右，位置 4 的应变值最高，其次是位置 5，应变值最低的是位置 4，因在后半段接近搅拌摩擦表面加工结束部分，位置 4 离得最近，故其应变值最高。

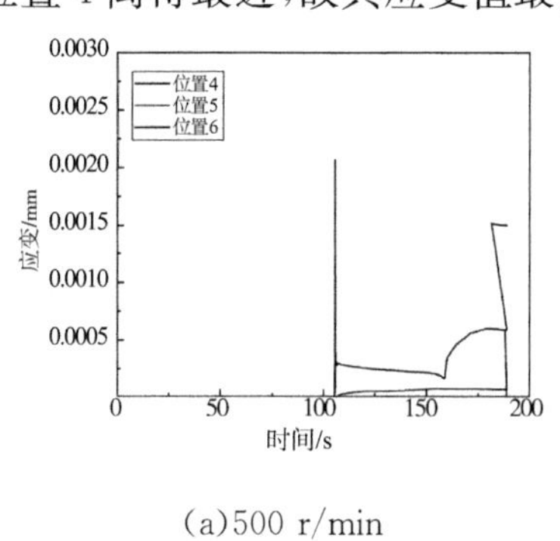

(a)500 r/min

(b)600 r/min

扫码看彩图

图 5-32　距离 x 轴 35 mm 且平行于 x 轴各位置的应变值随时间变化曲线

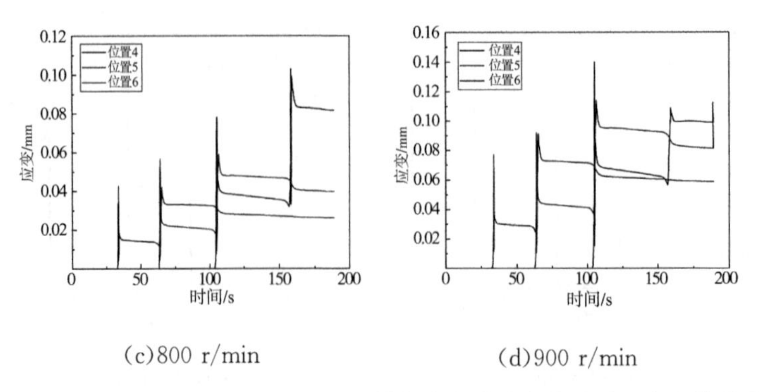

(c)800 r/min　　　　(d)900 r/min

图 5-32　距离 x 轴 35 mm 且平行于 x 轴各位置的应变值随时间变化曲线(续)

图 5-33 为距离 x 轴 65 mm 且平行于 x 轴的 7、8、9 三个位置的应变值随时间变化曲线。从图 5-33 中可以看出，当搅拌头前进速度固定为 500 mm/min，搅拌头旋转速度分别为 500 r/min、600 r/min、800 r/min 和 900 r/min 时，各点应变值随时间变化曲线的形状基本相同，但是各点在不同位置的最高应变值不同。当搅拌头前进速度固定为 500 mm/min 时，随着搅拌头的旋转速度的增加，各点在相应的位置上的应变也会随之升高。在图 5-33 各分图中，前段30 s左右，位置 9 的应变值最高，因为其离搅拌摩擦表面加工起始点最近，位置 8 和位置 7 的应变值几乎为零；60 s 左右，图 5-33(a)中看不到波峰，而其他三个图中，位置 8 的应变值最高，位置 9 和位置 7 的应变值几乎为零；中间段 110 s 左右，位置 7 的应变值最高，其次是位置 8，应变值最低的是位置 9；160 s 左右，位置 7 的应变值仍然最高，位置 8 的应变值开始降低，应变值最低的仍然是位置 9。

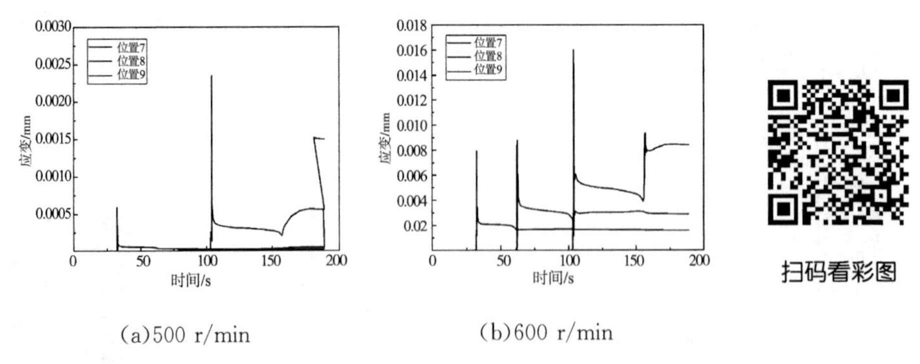

(a)500 r/min　　　　(b)600 r/min

图 5-33　距离 x 轴 65 mm 且平行于 x 轴各位置的应变值随时间变化曲线

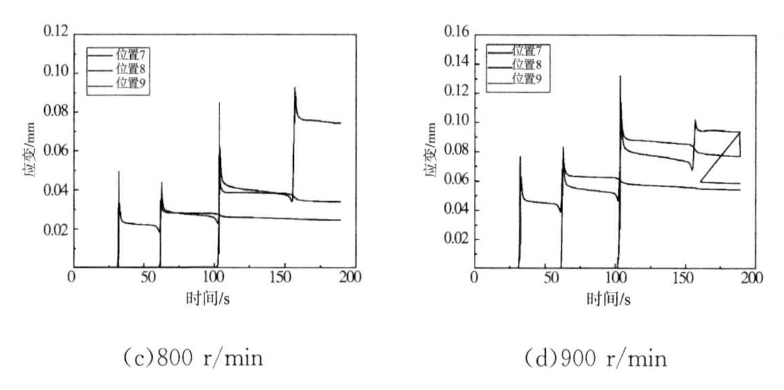

(c)800 r/min　　(d)900 r/min

图 5-33　距离 x 轴 65 mm 且平行于 x 轴各位置的应变值随时间变化曲线(续)

图 5-34 为距离 x 轴 90 mm 且平行于 x 轴的 10、11、12 三个位置的应变值随时间变化曲线。从图 5-34 中可以看出，当搅拌头前进速度固定为 500 mm/min，搅拌头旋转速度分别为 500 r/min、600 r/min、800 r/min 和 900 r/min 时，各点应变值随时间变化曲线的形状基本相同，但是各点在不同位置的最高应变值不同。当搅拌头前进速度固定为 500 mm/min 时，随着搅拌头的旋转速度的增加，各点在相应的位置上的应变值也会随之升高。在图 5-34 各分图中，前段30 s 左右，位置 12 的应变值最高，因为其离搅拌摩擦表面加工起始点最近，位置 11 和位置 10 的应变值几乎为零；60 s 左右，位置 11 的应变值最高，其次是位置 12，位置 10 的应变值几乎为零；中间段 110 s 左右，位置 10 的应变值最高，其次是位置 11，应变值最低的是位置 12；160 s 左右，位置 10 的应变值最高，其次为位置 11，应变值最低的是位置 12。

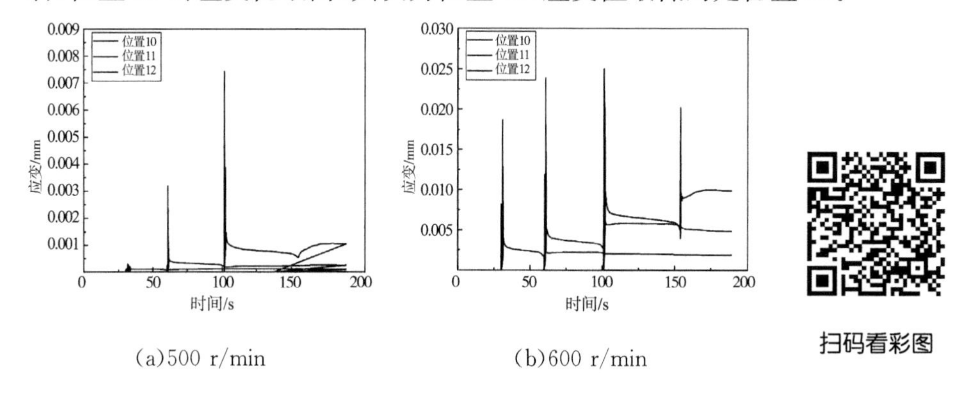

(a)500 r/min　　(b)600 r/min

图 5-34　距离 x 轴 90 mm 且平行于 x 轴各位置的应变值随时间变化曲线

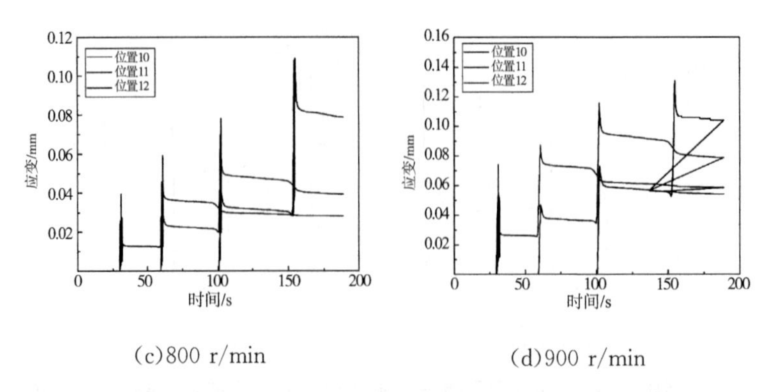

(c)800 r/min　　(d)900 r/min

图 5-34　距离 x 轴 90 mm 且平行于 x 轴各位置的应变值随时间变化曲线

5.5.3　应变云图分析

图 5-35 为搅拌头旋转速度为 500 r/min 时获得的不同时间段的应变云图。从图 5-35 中可以清楚地看出，亮点区域为搅拌头搅拌实时位置点，此处也为应变值最高的区域，其对后面应变的影响也是由近及远逐渐降低的，这与前面的各选择点温度、应力曲线变化较为一致。图 5-35(a)为起始阶段，故在区域可以看到搅拌头在圆心中间点的应变变化。从图 5-35(b)至图 5-35(f)可看出，随着搅拌头沿圆形轨迹从内向外运转移动时，应变云图的亮点区域逐渐增大。图 5-35(a)至图 5-35(f)分别展示出从搅拌头开始加工至搅拌头停止加工的应变云图，从图 5-35 中可知，亮点区域不断的随搅拌头位置变化而变化，使图 5-4(b)中各点的应变也随之变化。因为搅拌头的移动造成应变值最高的区域不断改变，因此，在图 5-28 至图 5-34 中显示为不同位置点应变值曲线的波峰和波谷交替出现。

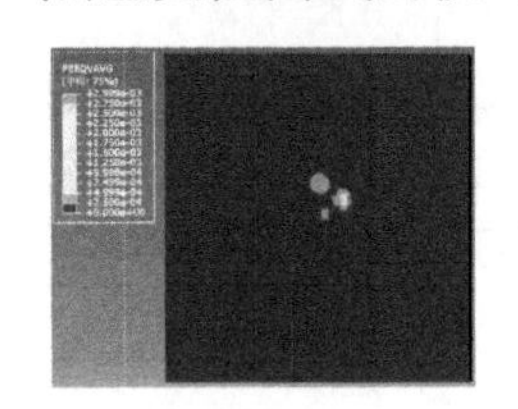

(a) 18.75 s

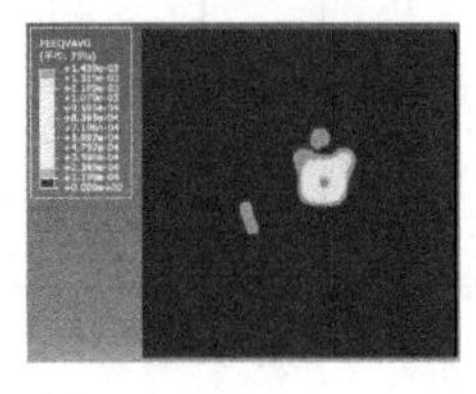

(b) 42.89 s

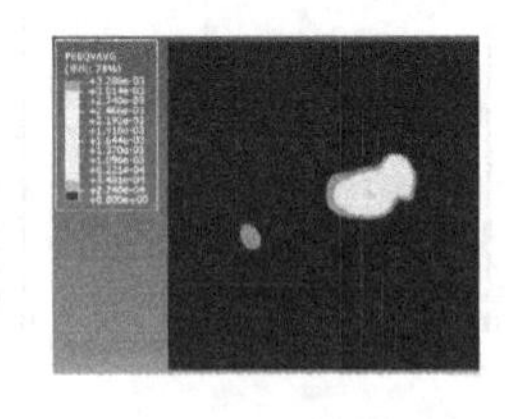

(c) 78.62 s

扫码看彩图

图 5-35　搅拌头旋转速度为 500 r/min 时的应变云图

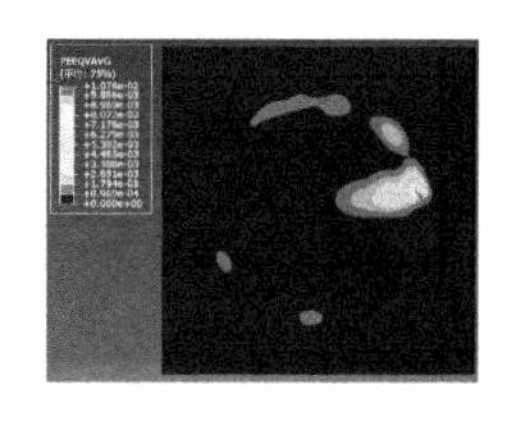

(d) 125.66 s

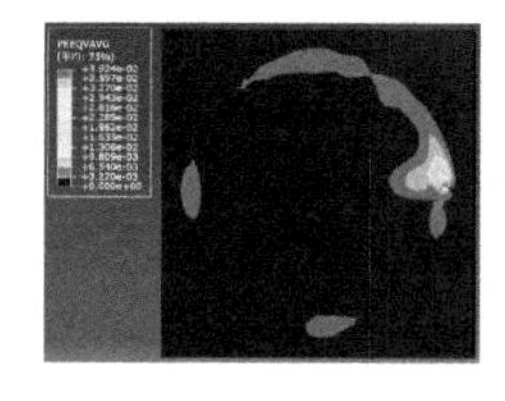

(e) 184.01 s

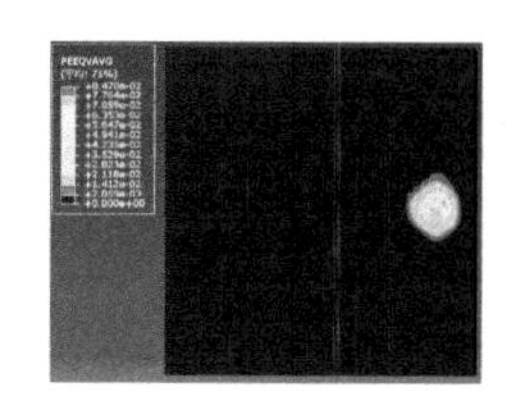

(f) 189.01 s

图 5-35　搅拌头旋转速度为 500 r/min 时的应变云图(续)

图 5-36 为搅拌头旋转速度为 600 r/min 时获得的不同时间段的应变云图。从图 5-36 可以清楚地看出，零点区域为搅拌头搅拌实时位置点，此处也为应变值最高的区域，其对后面应变的影响也是由近及远逐渐降低的，这与图5-35描述相同。同样，搅拌头的移动造成最高应变值的区域不断改变，因此，在图 5-28 至图 5-34 中显示为不同位置点应变值曲线的波峰和波谷交替出现。随搅拌头旋转速度的增加，最高应变值也在不断增加，这与前面的分析基本一致。

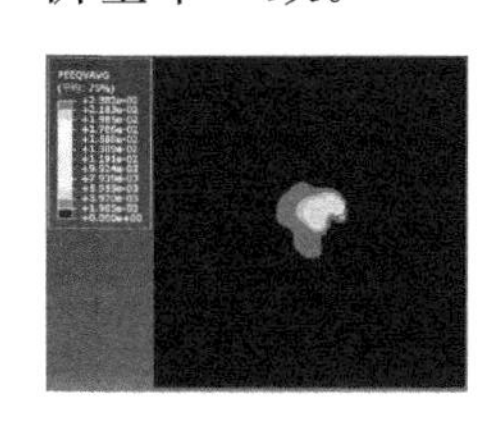

(a) 18.75 s

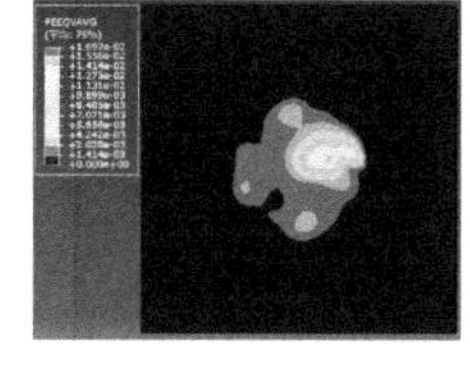

(b) 42.89 s

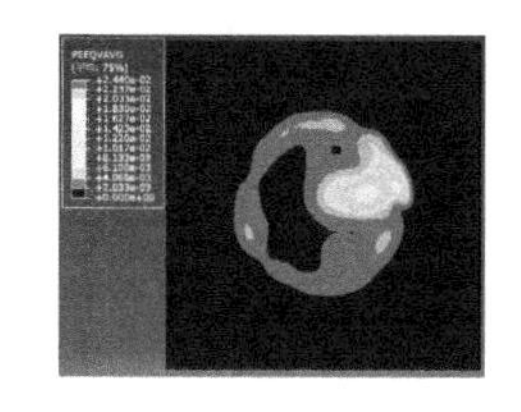

(c) 78.62 s

扫码看彩图

(d) 125.66 s

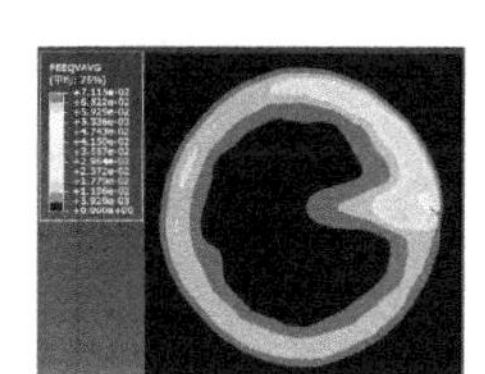

(e) 184.01 s

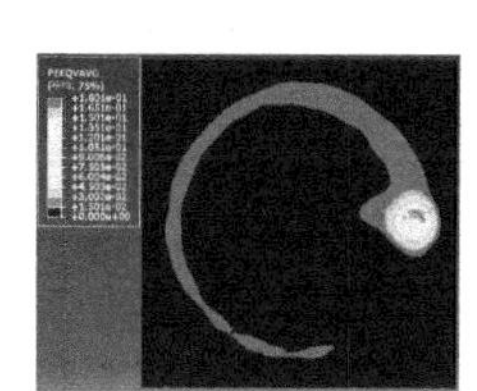

(f) 189.01 s

图 5-36　搅拌头旋转速度为 600 r/min 时的应变云图

图 5-37 为搅拌头旋转速度为 800 r/min 时获得的不同时间段的应变云图。从图 5-37 可以看出，其对后面应变的影响也是由近及远逐渐降低的。图 5-37 中各云图相貌与图 5-35、图 5-36 基本相同。在图 5-37 中，搅拌头的移动使最高应变值的区域不断改变，因此，在图 5-28 至图 5-34 中显示为不同位置点应变值曲线的波峰和波谷交替出现。

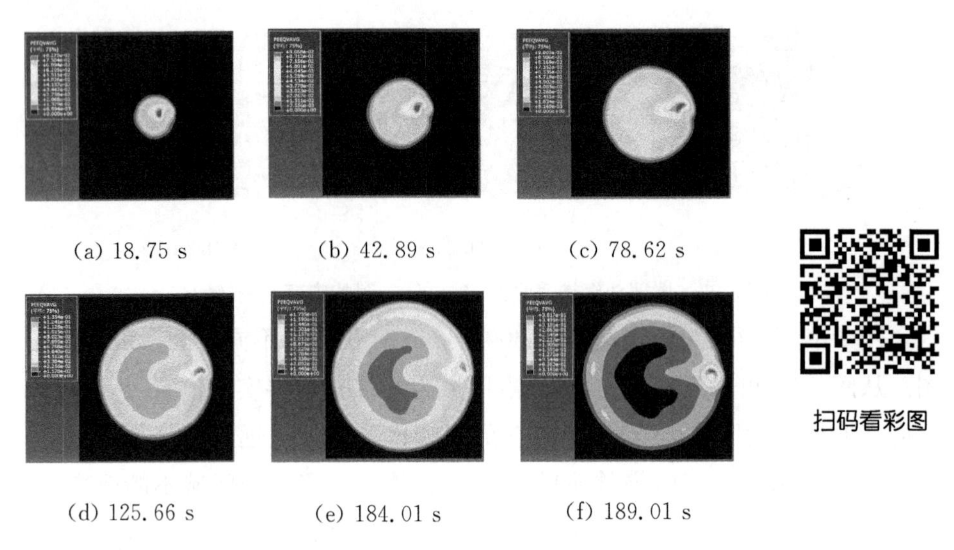

(a) 18.75 s　(b) 42.89 s　(c) 78.62 s

(d) 125.66 s　(e) 184.01 s　(f) 189.01 s

图 5-37　搅拌头旋转速度为 800 r/min 时的应变云图

图 5-38 为搅拌头旋转速度为 900 r/min 时获得的不同时间段的应变云图。从图 5-38 中可以清楚地看出，亮点区域为搅拌头搅拌的实时位置点，此处也为应变值最高的区域，其对后面应变的影响也是由近及远逐渐降低的。图 5-38 中各云图相貌与图 5-35、图 5-36 和图 5-37 基本相同。在图 5-38 中，搅拌头的移动造成最高应变值的区域不断改变，因此，在图 5-28 至图 5-34 中显示为不同位置点应变值曲线的波峰和波谷交替出现。

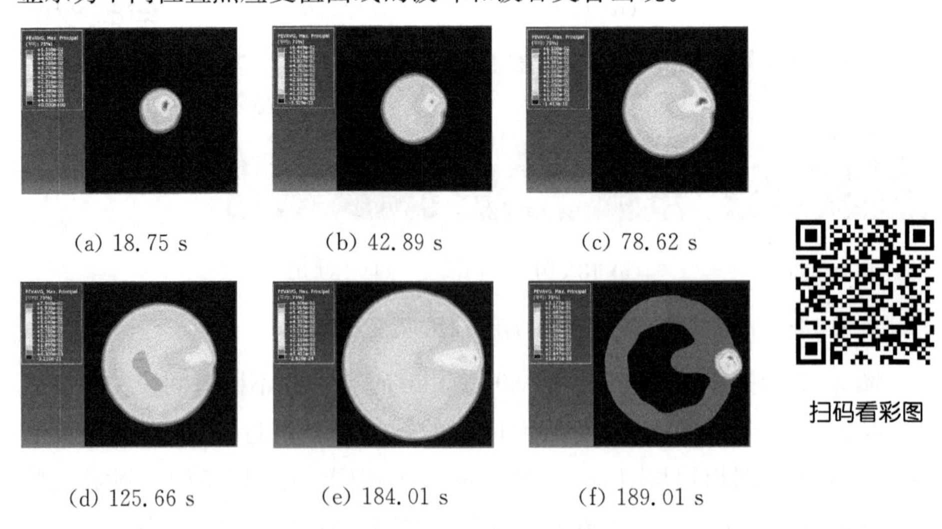

(a) 18.75 s　(b) 42.89 s　(c) 78.62 s

(d) 125.66 s　(e) 184.01 s　(f) 189.01 s

图 5-38　搅拌头旋转速度为 900 r/min 时的应变云图

综合图 5-35 至图 5-38 来看，当搅拌头前进速度固定为 500 mm/min 时，随着搅拌头旋转速度的增加，其模拟过程获得的应变值云图形貌基本相同，唯一的差别是搅拌头旋转速不同，产生应变变化不同，这是因为应变主要是搅拌摩擦产生的摩擦热和搅拌头旋转加压作用力综合影响的结果。从图 5-35 至图5-38可以看出，搅拌摩擦表面加工制备铜合金改性层的模拟是有效的，可以反映真实的应变变化过程，这为实际工程应用提供了前期的技术预测支持，确保加工改性的有效实现。

5.6　本章小结

从本节温度场、应力及应变的分析来看，它们之间的相互联系很密切。分析中发现，搅拌头的旋转速度对温度场、应力和应变的影响均较大，只是所起的作用大小有一定的区别。应力受搅拌头旋转挤压力综合作用力影响较大，而温度场、应变受摩擦热及搅拌头旋转挤压作用力综合影响更为明显，故其变化曲线基本一致。分析还发现，当搅拌头旋转速度为 500 r/min 时，其应变变化较小，这可能是产生的摩擦热和搅拌头旋转挤压作用力较小的缘故。

(1)当搅拌头前进速度固定为 500 mm/min，搅拌头旋转速度分别为 500 r/min、600 r/min、800 r/min 和 900 r/min 时，平行于 y 轴和 x 轴的各位置的温度随时间变化曲线的形状基本相同，但是各点在不同位置的最高温度不同。当搅拌头前进速度固定为 500 mm/min 时，随着搅拌头的旋转速度的增加，各点在相应的位置上的温度也会随之升高；从温度场云图来看，红色区域为搅拌头搅拌实时位置点，此处也为温度最高的区域，其对后面温度的影响是由近及远逐渐降低的，这与前面的各位置温度曲线变化基本一致。

(2)当搅拌头前进速度固定为 500 mm/min，搅拌头旋转速度分别为 500 r/min、600 r/min、800 r/min 和 900 r/min 时，平行于 y 轴和 x 轴的应力随时间变化曲线的形状基本相同，但是各点在不同位置的最高应力不同。当搅拌头前进速度固定为 500 mm/min 时，随着搅拌头的旋转速度的增加，各点在相应的位置上的应力变化随之减小；从应力云图来看，红色包围区域为搅拌头搅拌实时位置点，此处也为应力最高的区域，其对后面应力的影响也是由近及远逐渐降低的，这与各点应力曲线变化基本一致。开始阶段，可以看到搅拌头在圆心中间点的应力变化，随着搅拌头沿圆形轨迹从内向外移动，应力云图的浅绿色区域逐渐增大，红色包围区域点不断随搅拌头位置变化而变化，各位置的应力也随之变化，出现了各点应力随时间变化曲线波峰和波谷交替出现的现象。

(3)当搅拌头前进速度固定为 500 mm/min，搅拌头旋转速度分别为 500 r/min、600 r/min、800 r/min 和 900 r/min 时，平行于 y 轴和 x 轴的应变值随时间变化曲线的形状基本相同，但是各点在不同位置的最高应变值不同。当搅拌头前进速度固定为 500 mm/min 时，随着搅拌头的旋转速度的增加，各点在相应的位置上的应变值随之升高。应变受温度和搅拌头旋转挤压作用力综合影响更大；从应变云图来看，亮点区域为搅拌头搅拌实时位置点，此处也为应变值最高的区域，其对后面应变的影响也是由近及远逐渐降低的，这与前面的各位置温度、应力的曲线变化基本一致。搅拌头旋转速度对各位置应变的影响较大。

第6章 结论与展望

6.1 结论

本书基于搅拌摩擦表面加工技术创造性地提出了利用搅拌摩擦表面加工技术制备含镍铜合金改性表层。该项技术采用无搅拌针的搅拌头对铜合金表层植入镍颗粒进行改性，通过实验获得了改性的工艺参数和工艺方法，并利用优化的工艺参数和方法进行实验，分析试样的组织、硬度、耐磨性、耐腐蚀性和 EBSD 结果，并对搅拌摩擦表面加工制备铜合金改性表层进行数值模拟分析，分析改性工艺参数等因素对改性层的温度场、残余应力分布及应变分布的影响，从而进一步分析获得搅拌摩擦表面加工制备含镍铜合金改性表层的机理，通过搅拌摩擦表面加工制备含镍铜合金改性表层的机理和性能分析，为实际工程应用提供理论依据。

6.1.1 本书完成的主要工作

本书以铜合金为载体，通过搅拌摩擦表面加工制备含镍铜合金改性表层，并对改性表层形成机理和性能进行深入分析研究，具体研究内容如下。

(1)对搅拌摩擦表面加工制备含镍铜合金改性表层的过程进行深入分析，获得了改性表层的形成机理。对搅拌摩擦表面加工制备含镍铜合金改性表层过程中弧纹的形成机理进行研究，提出搅拌头的头部加工纹理是产生弧纹的一个因素，并认为弧纹是不可消除的，弧纹的高低、弧纹的宽度以及弧纹间的平行程度等均受到装备制造、改性铜合金基材、搅拌头的工艺参数、搅拌头制造技术及搅拌头使用时间长短等因素的影响，还推导出了弧纹的间距公式，获得结论：两弧纹平行点上的作用是相同的。根据米塞斯屈服准则，获得搅拌摩擦表面加工制备含镍铜合金改性表层的屈服准则，并结合切屑成形标准演变为铜合金改性表层飞边分离标准。搅拌摩擦表面加工制备含镍铜合金改性表层能实现晶粒细化，获得较好的镍颗粒弥散效果。

(2)通过实验方式进行搅拌摩擦表面加工制备含镍铜合金改性表层工艺参数范围的初选和优化，并确定最终的改性加工工艺方法。根据文献参考及实践经验，在排除搅拌过程中出现搅拌头抖动、搅拌头变红及高温软化等情况后，获得搅拌摩擦表面加工制备含镍铜合金改性表层较为合理的工艺参数：搅拌头旋转速度为 500～900 r/min，搅拌头前进速度为 400～600 mm/min，搅拌头下压量为 0.2～0.3 mm。同时，根据搅拌摩擦表面加工制备含镍铜合金改性表层的质量及搅拌头使用寿命，从确定的工艺参数范围内优化出最适合搅拌摩擦表面加工制备含镍铜合金改性表层的工艺参数：搅拌头旋转速度为 500～900 r/min，搅拌头前进速度为500 mm/min，搅拌头下压量为 0.3 mm。两种加工工艺方法的主要区别是搅拌头进行改性时每圈的偏移量不同，分别为 5 mm 和 15 mm，偏移量为 5 mm 时，易出现二次重叠改性加工，而偏移量为 15 mm 时，不会出现二次重叠改性加工。

(3)通过对不通工艺参数和工艺方法获得的搅拌摩擦表面加工制备含镍铜合金改性表层试样的性能分析，确定工艺参数和工艺方法对改性表层性能的影响规律。通过选用两种不同的工艺方法和不同的工艺参数进行搅拌摩擦表面加工制备含镍铜合金改性表层，并通过实验分析可知：第 1 种工艺方法(搅拌头偏移量为 5 mm)下搅拌头旋转速度为 500 r/min 及第 2 种工艺方法(搅拌头偏移量为 15 mm)下搅拌头旋转速度分别为 500 r/min 和 600 r/min时获得的铜合金改性表层的晶粒细化程度最好；第 1 种工艺方法下搅拌头旋转速度为500 r/min 时获得的铜合金改性表层的硬度最高，第 2 种工艺方法下搅拌头旋转速度分别为 500 r/min 和 600 r/min 时获得的铜合金改性表层的硬度也较高，各工艺参数下制备的含镍铜合金改性表层的硬度均比母材高；第 1 种工艺下搅拌头旋转速度为 800 r/min 时获得的改性表层和第 2 种工艺方法下搅拌头旋转速度为 500 r/min 时获得的改性表层的耐腐蚀性能最好，各工艺参数获得的含镍铜合金改性表层的耐腐蚀性能均优于母材。搅拌摩擦表面加工制备的含镍铜合金改性表层晶粒之间的取向差均有不同程度的增加，大角度晶界所占的比例均增大，晶粒尺寸均减小，变性区的晶粒体积分数均减小。

(4)对搅拌摩擦表面加工制备铜合金改性层进行有限元模拟，分析改性表层温度场、应力及应变的分布规律。通过有限元模拟，确立搅拌摩擦表面加工过程的边界条件等，分析搅拌摩擦表面加工制备铜合金改性表层的温度场分布与工艺参数的关系、改性表层的应力分布与工艺参数的关系以及改性表层的应变与工艺参数的关系。

6.1.2　全书主要创新点

本书研究的主要创新点包括以下几个方面。

(1)提出弧纹高低、宽度及平行度与装备制造、基材、工艺参数、搅拌头制造精度及搅拌头使用时间长短等因素有关，并认为弧纹是不可消除的。基于米塞斯屈服准则，提出搅拌摩擦表面加工制备含镍铜合金改性表层的屈服准则，并结合切屑成形标准提出铜合金改性表层飞边分离标准。

(2)从搅拌摩擦表面加工制备含镍铜合金改性表层质量及搅拌头使用寿命出发，优化出最适合搅拌摩擦表面加工制备含镍铜合金改性表层的工艺参数值。

(3)利用优化的工艺参数值和两种不同的工艺方法获得的改性表层晶粒细化均较好，硬度也较高，耐磨性和耐腐蚀性均优于母材。同时，搅拌摩擦表面加工制备的含镍铜合金改性表层的晶粒之间的取向差均有不同程度的增加，大角度晶界所占的比例均增大，晶粒尺寸均减小，变性区的晶粒体积分数均减少。

(4)通过对搅拌摩擦表面加工制备铜合金改性表层的过程进行有限元模拟，分析工艺参数及方法对改性表层的温度场、残余应力及变形分布的影响规律，进一步优化出适合搅拌摩擦表面加工制备铜合金改性表层工艺参数及方法。

6.2　展望

本书主要利用搅拌摩擦表面加工制备含镍铜合金改性表层，并对不同工艺参数和改性工艺方法获得的改性表层试样进行性能分析，取得了一定的成果。但由于时间、实验条件和自身能力有限，书中仍存在一些问题需要后续进一步研究。

(1)实验中植入的颗粒过于单一,今后要进一步研究混合颗粒对改性表层的影响。

(2)实验中采用搅拌摩擦表面加工制备含镍铜合金改性表层,分析了不同工艺参数和工艺方法对铜合金改性表层的影响,但未深入分析搅拌摩擦表面加工道次数对改性表层的影响,需在后续工作中进行研究。

(3)在今后进行搅拌摩擦表面加工制备铜合金改性表层过程的有限分析过程中,要增加植入镍等颗粒的过程,增强模拟的真实性和可靠性。

附　录

附录 A　搅拌摩擦连接技术

1991 年，英国焊接研究所发明了搅拌摩擦焊接技术，其主要利用带搅拌针和轴肩的搅拌头高速旋转插入被焊接的工件内部，再以一定的前进速度进行焊接，焊接过程中因搅拌针搅拌产生大量的摩擦热，塑化其周围的金属，且塑化的金属在工作台表面、搅拌针周边母材及搅拌头轴肩表面等多方向上挤压成形，最终获得所需要的焊缝。这种焊接最大的特点就是未使用焊丝，且焊接的过程中金属是在固态下成形的，并未达到母材的熔点，因此，这种焊接方式不属于熔化焊接。因搅拌摩擦焊接技术的自身特点，课题组研究一致认为此类焊接是一种连接方式，并非传统的焊接方式，故课题组一直称搅拌摩擦焊接为"搅拌摩擦连接"(friction stir joining)，具体的连接过程如图 A-1 所示。

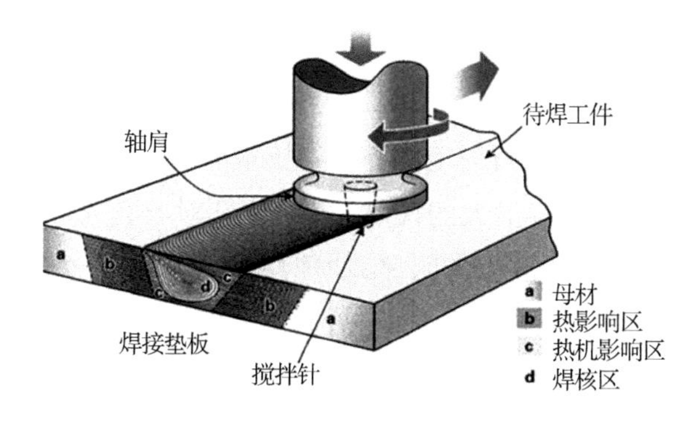

图 A-1　搅拌摩擦连接过程示意图

搅拌摩擦连接技术经过实践，已逐渐成熟，其在 1993 年和 1995 年被申请了世界范围内的知识产权保护。因为英国焊接研究所申请了该项技术的知识产权保护，所以世界上其他的国家研究该项技术就必须与其合作，签订合作协议，支付合作经费，才可以进行相关的技术研究。2002年，在关桥院士的牵线搭桥下，北京航空制造工程研究所(现中国航空制造技术研究院)与英国焊接研究所签订协议，正式开始搅拌摩擦连接技术的研究。北京航空制造工程研究所在签订协议后成立了北京赛福斯特技术有限公司，专门从事我国搅拌摩擦连接技术的研究，并成功地研发出多款搅拌摩擦连接装备，为国防领域、高速列车、大飞机的制造提供了可靠的技术支持。该项协议于2015年因英国焊接研究所在中国申请专利的失效而终止，自此，我国已有四五十家高校进行搅拌摩擦连接相关技术研究，同时，也涌现出二十多家搅拌摩擦连接技术的企业，为我国的航天航空、高速列车、风力发电、新能源汽车等领域作出了卓越的贡献。

搅拌摩擦连接技术是逐步推进的。早期，其主要用来连接铝合金，随着装备制造技术的不断升级，在铜合金、镁合金等方面也开展了很多的应用，效果均较好。近几年，随着大主轴制造技术的快速发展，其在连接钢材类材料上也显示出一定的优势，但由于受装备的整体限制以及搅拌头材料的制备技术的限制，其对所连接钢材类材料的厚度有一定的要求，连接45号钢材厚度需控制在10 mm以内，超过此厚度时，其连接质量及装备的承受力就会受到很大的影响，搅拌头折断现象会较为严重，这也是该技术未能在钢材类板材连接中推广应用的原因。近些年来，随着非金属材料的应用越来越广，搅拌摩擦连接技术也开始在聚氯乙烯(polyvinyl chloride，PVC)等材料上使用，且效果较好，特别是在PVC与轻量化合金的叠加连接方面，效果更佳，这也促使该项技术开始向非金属领域延伸，有力地促进该项技术的快速发展和应用推广。

搅拌摩擦连接技术有很大的优点，特别是针对有色金属、轻量化合金的连接，其特有的优势表现得非常明显，如连接区域的力学性能可以达到母材的80%～90%，连接区的耐磨性和耐腐蚀性也可以得到很好的提高，与传统的熔化焊接相比，其连接区域的疲劳性能更是得到很大的提高，几乎达到传统熔化焊接的20倍以上。搅拌摩擦连接技术是一种绿色制造技术，其连接过程中不会像熔化焊接过程中那样由于焊丝外皮的燃烧而产生异味；也不会出现熔化焊接过程的粉尘污染等；更不会出现耀眼的强光刺激眼睛。同时，该技术连接过程仅为搅拌头的搅拌而未出现焊丝的熔化，故其连接过程消耗少，质量佳。搅拌摩擦连接技术虽有很多的优点，但其缺点也是很明显的，如连接区域出现弧纹、飞边等。搅拌摩擦连接技术还受到所连接材料本身的限制，搅拌摩擦连接技术主要适用于有色金属、轻量化合金以及薄钢板类材料的连接。另外，搅拌摩擦连接技术不能像传统的熔化焊接技术可以对不同的结构，在不同的位置、不同的作业场所进行随意连接，其受到连接原理的限制，目前，搅拌摩擦连接技术主要针对直线、圆筒或简单的曲线进行连接，对于复杂结构的连接，即使借助机器人等手段也是很难实现的。搅拌摩擦连接过程中虽不需要焊丝，但对搅拌头的要求却很高，搅拌头是搅拌摩擦连接的基础，搅拌头的结构不同、搅拌头的螺纹不同、轴肩形状不同以及搅拌针的螺纹不同等均会引起连接区域性能的变化，甚至会影响连接成形。搅拌头的制造工艺复杂，制造成本高，特别是用于钢材类的搅拌摩擦连接中，搅拌头需采用钨铼合金材料，其加工较为困难，基本采用电铸等特殊工艺方法才能实现，这进一步增加了制造成本。

上述分析中的搅拌摩擦连接技术的缺陷是目前大多数参考文献中提到的频率较高的问题，其实，在搅拌摩擦连接技术的深入研究过程中，还有许多更加复杂的问题让研究者头疼，如搅拌针插入连接的板材内部高速旋转、前进挤压过程中，其金属如何塑化、如何沿搅拌针表面及轴肩底部流动等。对于这些问题，目前还未有一个可靠的答案，虽然有很多研究者做了大量的研究，也推导模拟出很多行之有效的模型，但这些模型仅在特定的环境中，针对一定的材料、一定的板材厚度，使用一定的搅拌针结构等确定条件下，且在一定的工艺参数范围内，才能解释相关的成形机理，甚至有些模型的预测准确度很高，但是，在先决条件不稳定的基础上，使用上述研究者研究的模型进行连接区域成形的分析就存在一定的缺陷，甚至无法解释连接区成形出现缺陷的原因。这也进一步说明，搅拌摩擦连接过程的复杂性是不可简单地建立模型的，而是要更深层次地进行大量试验摸索，针对不同的材料、不同的工艺参数、不同的搅拌头结构以及不同的环境进行连接模拟分析，同时，还要采用先进的内部塑化金属跟踪分析技术，准确地获得塑化金属的流动规律，进而分析出其连接成形的机理。目前，虽然研究者很多，但是效果还是不尽如人意，后续还需要更好的理论和技术支持，以对其内部形成过程进行有效的揭示。

搅拌摩擦连接技术还存在着底部连接不透等缺陷，虽然现在很多研究者提出使用浮动搅拌头或双轴肩搅拌头连接板材解决这一问题，但在实际工程应用过程中，此技术的应用效果却不佳，基本上还是采用传统的搅拌头连接模式，这也说明该项技术也存在一定的难点。实质上，搅拌头浮动或双轴肩搅拌头理论上可以通过相关的检测装置或传感器保证其始终与连接板材表面接触并产生一定的挤压，而实际过程中要想实现这一技术还存在很大的技术难点，搅拌头若使用浮动或双轴肩形式，因其悬空，固定力较难，很难保证搅拌头双轴肩与板材上下表面接触，且板材变形使解决这一问题的难度更大，更难以实现，故这一技术即便实现，所付出的成本也较高，不易推广应用。另外，浮动搅拌头或双轴肩搅拌头在高速旋转和高速前进的双重作用力下，摆动性过大，搅拌头极易受到柔性变形及变载荷的双重作用，搅拌头的不同位置受力不等且受力均较大，搅拌头极易折断，这也是搅拌摩擦连接中所不允许的。因此，针对搅拌摩擦连接金属板材的底部未连接透问题，通过浮动搅拌头或双轴肩搅拌头也是很难实现的，传统的方式是将连接的板材反过来再进行一次连接，实现底部未连接透区域的再次连接，对于普通结构虽能够保证，但针对特殊的结构却很难保证。这一缺陷是阻碍搅拌摩擦连接技术推广应用的一个重要因素，也是未来搅拌摩擦连接技术研究的重点。

前文还提到连接区表面的弧纹，弧纹是搅拌摩擦连接中不可去除的一种缺陷，不论是改变搅拌头的结构还是选择不同的工艺参数，仅能改变弧纹的深浅、疏密而已，但弧纹痕迹是无法根除的。这与铣削过程中铣刀留下的加工纹理是一样的，只不过铣削过程中铣刀留下的纹理不仔细观察是很难发现的，而搅拌摩擦连接过程的弧纹是很明显的，这是因为搅拌摩擦连接过程中搅拌头要插入金属材料内部，且轴肩也要随着搅拌头插入金属表面，在主轴重力作用下，搅拌头轴肩受力并在主轴高速旋转以及前进的双作用力下形成轨迹圆的叠加，从而形成弧纹，这种弧纹的疏密主要与搅拌头前进速度有关，其深浅主要与搅拌头插入金属的厚度有关，因此，这一本质性的缺陷是无法消除的，这也是搅拌摩擦连接技术应用的一个缺陷。目前，许多学者在研究搅拌头结构时采用铣-搅一体化搅拌头，如图 A-2 所示，即在搅拌头的轴肩外套一个圆形铣刀结构，实现在搅拌摩擦连接过程中将其表面的毛刺、缺陷消除，但这也仅是消除搅拌摩擦连接过程中的飞边等缺陷，而对弧纹的改变并不大，如图 A-3 所示。

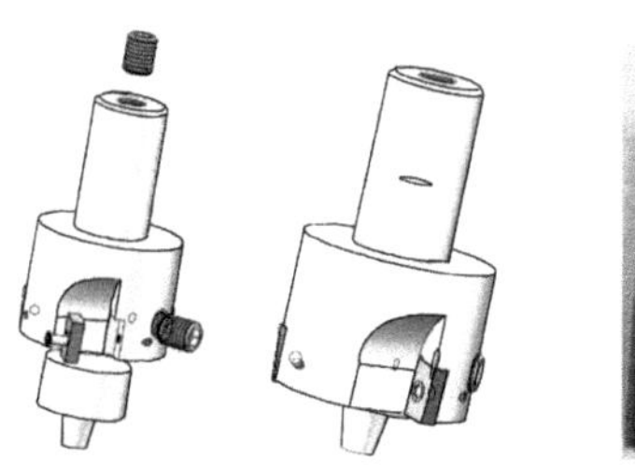

图 A-2　铣-搅一体化搅拌头

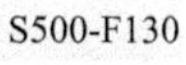

(a)不同工艺参数下普通搅拌头连接的形貌

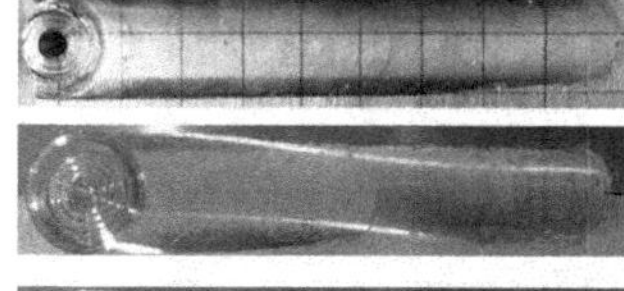

(b)不同工艺参数下铣-搅一体化搅拌头连接的形貌

图 A-3　采用普通搅拌头和铣-搅一体化搅拌头连接板材的表面形貌

从事搅拌摩擦连接技术研究的主要有北京航空制造工程研究所栾国红团队,栾国红是我国进行搅拌摩擦连接技术研究的首批研究者之一,也是我国搅拌摩擦连接技术的重要奠基人,他将搅拌摩擦连接技术引入中国,在数十年的时间内不断地发展壮大,并取得了一系列的成果。栾国红带领团队先后开发出适合高速列车车厢加工的装备,相关的装备及加工的产品如图 A-4 所示。栾国红团队为满足船舶制造需要,先后研发出两台新型宽幅铝合金型材拼接搅拌摩擦连接装备,满足了船舶行业对宽幅铝筋壁板的市场需求,该装备可实现连接长度达 28 m,连接宽度达 6 m,这款装备的研发提升了我国大型宽幅铝合金带筋壁板产品的制造技术水平。该团队还先后开发出多款适用于汽车铝合金轮毂的搅拌摩擦连接装备,还研发出适合新能源汽车专用电池托板的搅拌摩擦连接装备,具体的产品如图 A-5 所示,该装备先后销售到德国、韩国、美国等国家,这也进一步说明我国在搅拌摩擦连接技术上的研究水平在不断提升。

(a)搅拌摩擦连接装备

(b)搅拌摩擦连接的高速列车车厢体

图 A-4 搅拌摩擦连接装备及连接的产品

(a)搅拌摩擦连接汽车轮毂图片

(b)新能源汽车电池托板搅拌摩擦连接图片

图 A-5 搅拌摩擦连接技术在新能源汽车领域的应用

从原先英国焊接研究所的技术引进，到今天的技术外输，我国已完全可以独立自主地完成这一技术的延伸并在此基础上拥有了自主知识产权，这一阶段的变化，标志着我国在搅拌摩擦连接技术领域的研究实现从引进到创新的跨跃，我国已经将英国焊接研究所的搅拌摩擦连接技术的连接成形思想纳入今天的自主制造的各种装备之中，并将此技术进一步提升，实现质的飞跃。栾国红团队还先后研究了搅拌摩擦连接技术在电力电子、冶金和建筑等领域的应用。如成功地研发出大型翅片搅拌摩擦连接装备及相应的配套工装，实现长度达 4000 mm、宽度达 280 mm 和高度达 100 mm 的大型翅片的连接。同时，还研发出 17 mm 厚铜合金水冷板产品的搅拌摩擦连接，使我国成为世界上继英国、日本两国之后，第三个成功开发如此大规格的铜合金搅拌摩擦焊水冷板产品的国家。图 A-6 为搅拌摩擦连接散热器产品。

于勇征等人对 LF6 和 LF10 两种铝合金进行搅拌摩擦连接试验[124]，选用不同的工艺参数进行连接试验，分析各种工艺参数下金属流动规律，通过研究发现：搅拌头下压量和搅拌头倾斜角较小时，采用带螺纹的搅拌头获得的连接区金属塑性流动较好；在一定的工艺参数范围内提高搅拌头的旋转速度和搅拌头的前进速度，连接区的金属塑性流动更好。

图 A-6　搅拌摩擦连接散热器产品

图 A-7 为搅拌头下压量对连接区影响变化图，从图中可以清楚地看出，当搅拌头下压量不足时，两种铝合金搅拌时在连接区容易出现紊乱，且连接区出现了明显的孔洞缺陷，如图 A-7(a)所示；当搅拌头的下压量选择合适时，其连接区形成较为稳定，出现涡形层状混结构，金属结合致密性好，如图 A-7(b)所示。

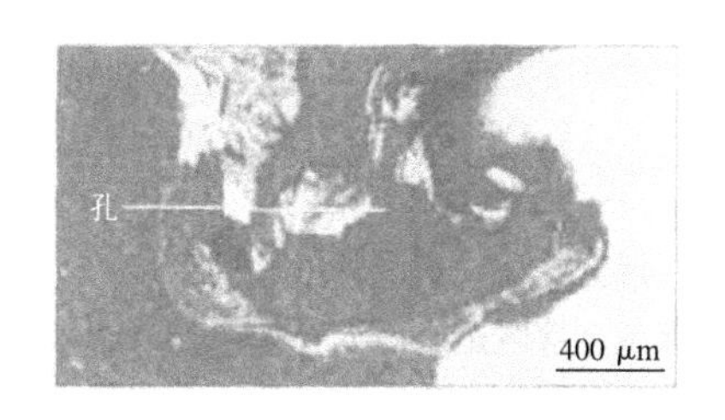

(a)搅拌针插入深度不足

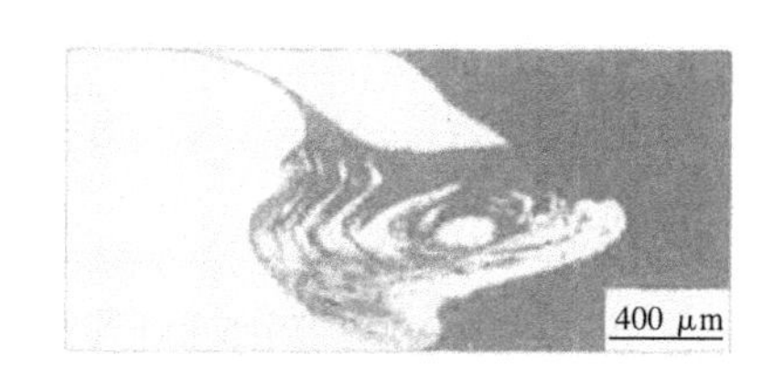

(b)搅拌针插入深度适宜

图 A-7　搅拌头下压量对连接区影响变化图[124]

图 A-8 为搅拌头倾斜角对连接区金属流动影响规律图。从图 A-8(a)中可以看出，连接区金属塑化流动较好，但两种铝合金的塑化混合流动性较差，连接区的性能相对也较差；图 A-8(c)中，底部金属未受到搅拌头的搅拌，导致连接区底部连接较弱，性能也大大降低；而图 A-8(b)中两种铝合金的搅拌塑化混合流动较为明显，其性能也相对较好。因此，搅拌头的倾斜角对连接区成形有很大影响，较小和较大的倾斜角均不能使连接区获得较好的性能，只有选择合适的搅拌头倾斜角才能获得较好的连接区。

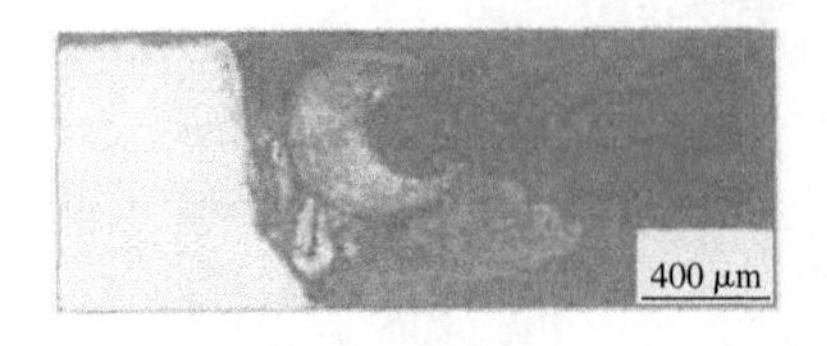

(a)搅拌头倾斜角为 0°时

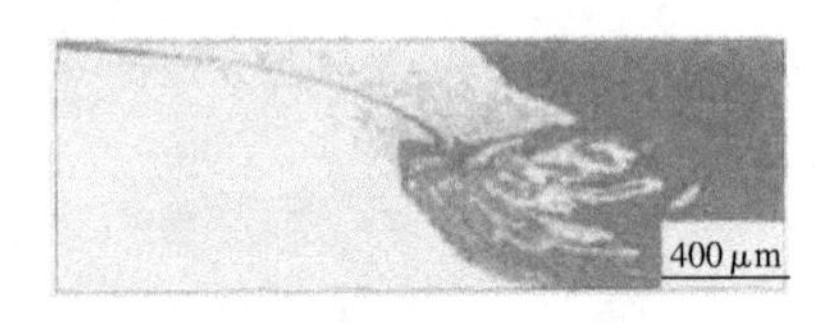

(b)搅拌头倾斜角为 1.5°时

(c)搅拌头倾斜角为 3°时

图 A-8　搅拌头倾斜角对连接区金属流动影响规律[124]

图 A-9(a)为无螺纹搅拌头连接区的金相组织，从图中可以看出，其连接区域金属塑性流动不明显；图 A-9(b)为带螺纹搅拌头连接区的金相组织，从图中可以看出，使用带螺纹的搅拌头可以实现连接区塑化金属的良好流动，而且重叠流动较为明显，有效地提高了连接区的性能。

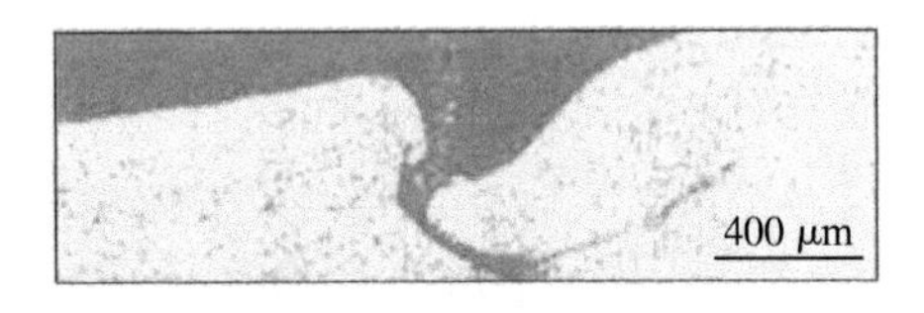

(a)无螺纹搅拌头

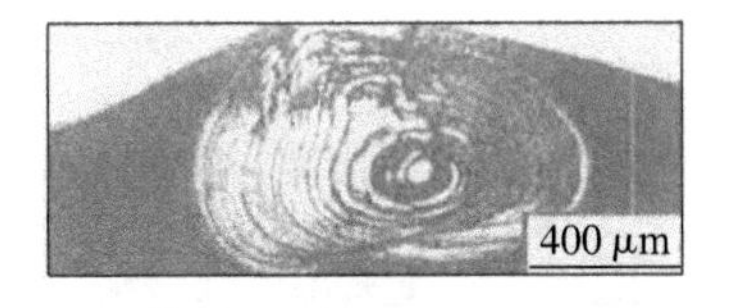

(b)带螺纹搅拌头

图 A-9　带螺纹和不带螺纹搅拌头连接区金相组织[124]

图 A-10 为搅拌头旋转速度对连接区的影响示意图。从图 A-10 中可以看出，随着搅拌头旋转速度的增加，连接区塑化金属流动越充分，层状间混结构越明显，说明旋转速度对连接区的成形影响较大，大变形速率有利于连接区金属的塑性流动。

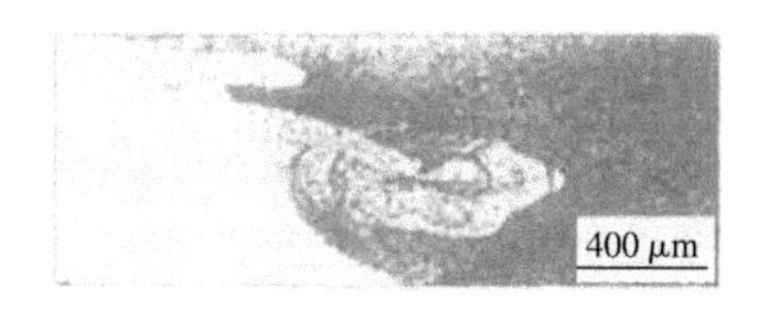

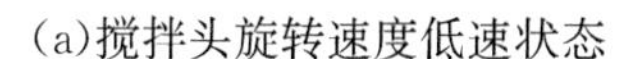
(a)搅拌头旋转速度低速状态

(b)搅拌头旋转速度中速状态

(c)搅拌头旋转速度高速状态

图 A-10 搅拌头旋转速度对连接区的影响[124]

图 A-11 为搅拌头前进速度对连接区的影响示意图，从图中可以看出，随着搅拌头前进速度的增加，其连接区层状间混结构的形状逐渐变稳定，这与前面的搅拌头旋转速度影响结果一样，高的搅拌头前进速度有利于连接区金属的塑化流动。

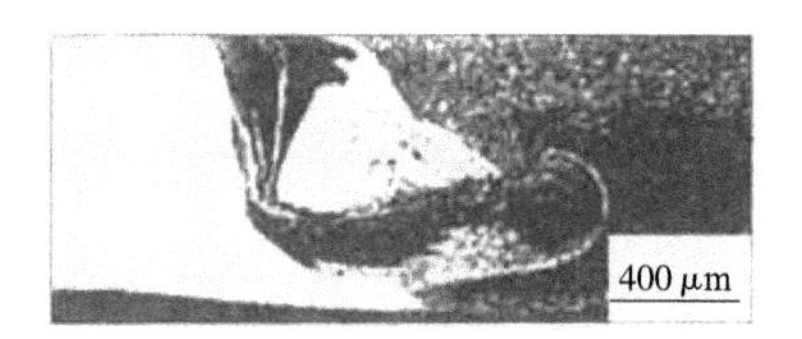

(a)低速

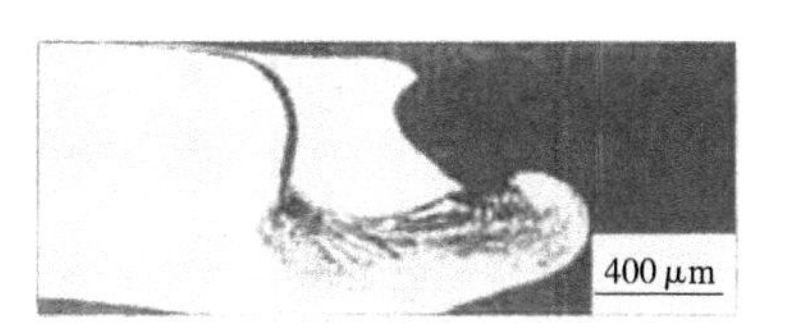

(b)中速

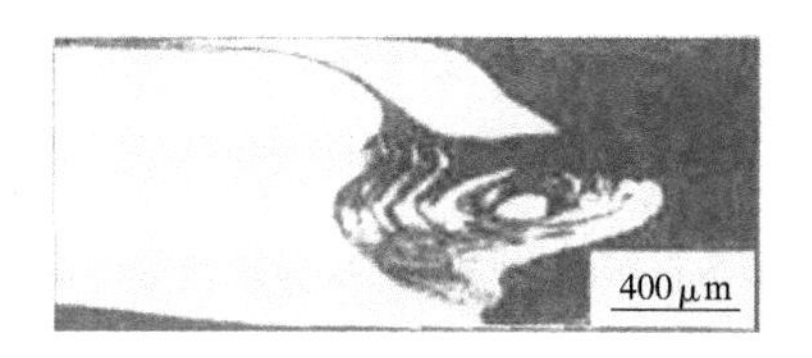

(c)高速

图 A-11 搅拌头前进速度对连接区的影响[124]

柴鹏等人对 6063 铝合金搅拌摩擦连接区的力学性能进行分析，经分析发现，当搅拌头旋转速度和前进速度高时，获得的连接区力学性能较好[125]。研究团队采用两种试验参数，第一次选用搅拌头旋转速度分别为 950 r/min、1180 r/min和 1500 r/min，搅拌头前进速度为低速和高速；第二次选用搅拌头旋转速度分别为 1500 r/min、1600 r/min、1800 r/min 和 2000 r/min，搅拌头前进选用四种速度。

从图 A-12 可以看出，随着搅拌头旋转速度的增加，搅拌头前进速度高的试样抗拉强度反而降低，而搅拌头前进速度低的试样抗拉强度增加。

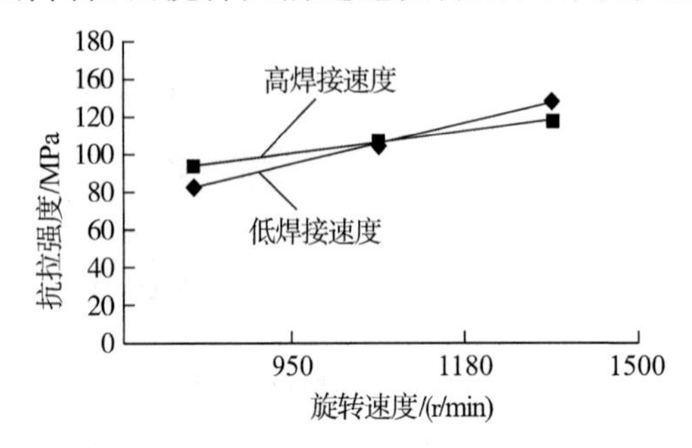

图 A-12　第一次选用参数获得的试样搅拌头旋转速度对抗拉强度的影响规律[125]

从图 A-13 可以看出，随着搅拌头旋转速度的增加，搅拌头前进速度的变化导致各试样的抗拉强度出现无规律变化，搅拌头的旋转速度和前进速度很难实现较好的匹配。

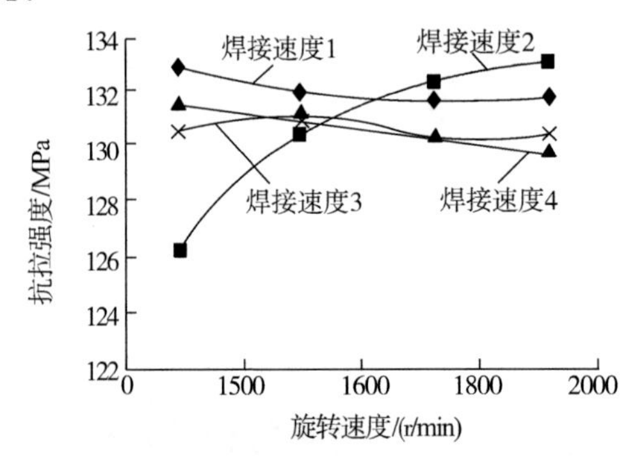

图 A-13　第二次选用参数获得的试样搅拌头旋转速度对抗拉强度的影响规律[125]

谢腾飞[126]等人选用不同的搅拌头形状，研究其对连接区微观形貌出现的 S 形曲线的影响规律。通过研究发现，改变搅拌头的形状可以改变连接区的塑化金属的流动行为以及与母材接触位置的破碎程度，故不同搅拌头形状对连接区出现的 S 形曲线的影响不同。不带螺纹的搅拌头比带螺纹的搅拌头更易获得 S 形曲线，而右螺纹搅拌头比左螺纹搅拌头更容易获得 S 形曲线。适当选择低搅拌头前进速度，并选择左螺纹搅拌头可以改善连接区塑化金属的流动性，进而促使 S 形曲线在连接过程中消失。

图 A-14 为不同的搅拌头形状连接 LF6 铝合金的连接区微观形貌。从图 A-14(a)、图 A-14(b)和图 A-14(d)可以看到，这三种搅拌头形状均可获得 S 形曲线，且 S 形曲线均出现在返回侧。图 A-14(b)中出现的 S 形曲线最明显，而图 A-14(c)中未出现 S 形曲线，但出现大量的“洋葱环”，这说明此连接区出现剧烈的塑化金属流动。

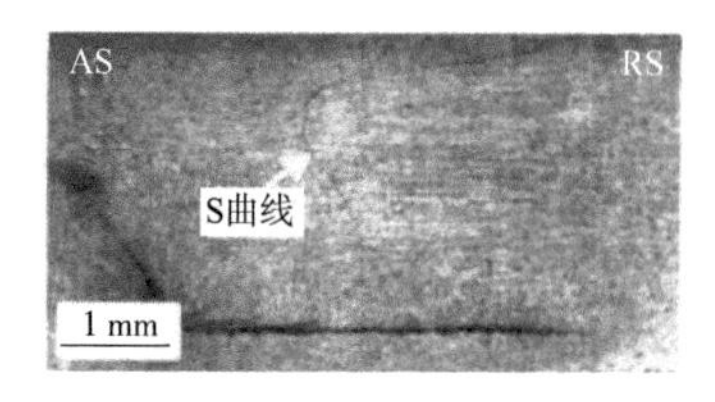

(a)圆柱光面搅拌头

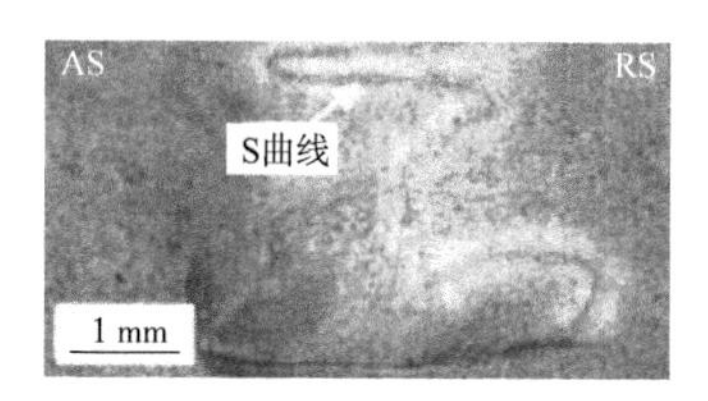

(b)圆锥光面搅拌头

(c)圆柱左螺纹搅拌头

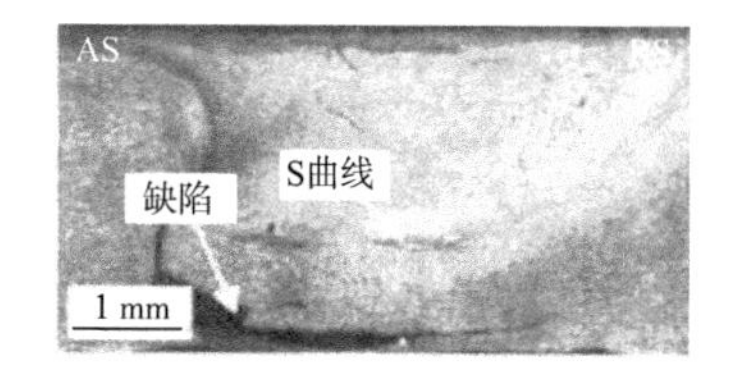

(d)圆柱右螺纹搅拌头

图 A-14　不同搅拌头形状获得的连接区微观形貌[126]

图 A-15 为不同搅拌头前进速度获得的连接区微观形貌。图中搅拌头旋转速度固定为 475 r/min，搅拌头为圆锥形。从图 A-15(a)和图A-15(b)可以看到 S 形曲线，而图 A-15(c)中看到的 S 形曲线仅在下部的部分区域，这说明搅拌头前进速度低至一定程度时，可以让 S 形曲线消失。

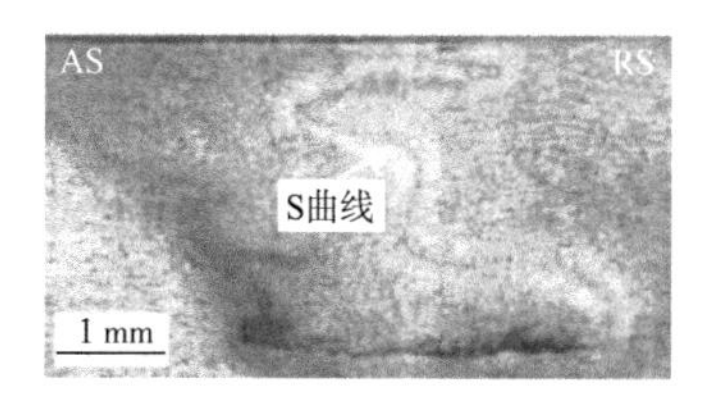

(a)搅拌头前进速度为 95 mm/min

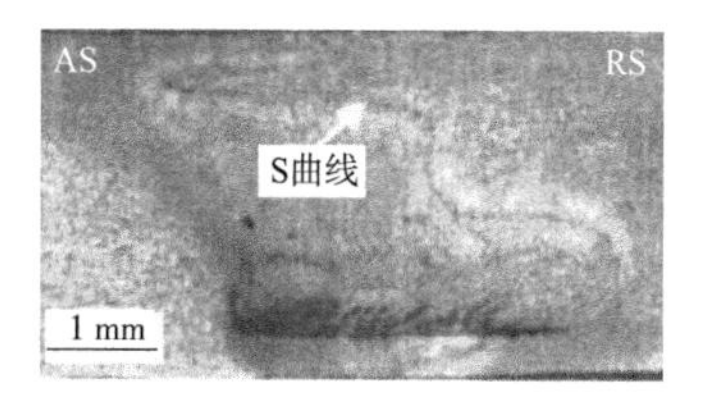

(b)搅拌头前进速度为 60 mm/min

图 A-15　不同搅拌头前进速度获得的连接区微观形貌[126]

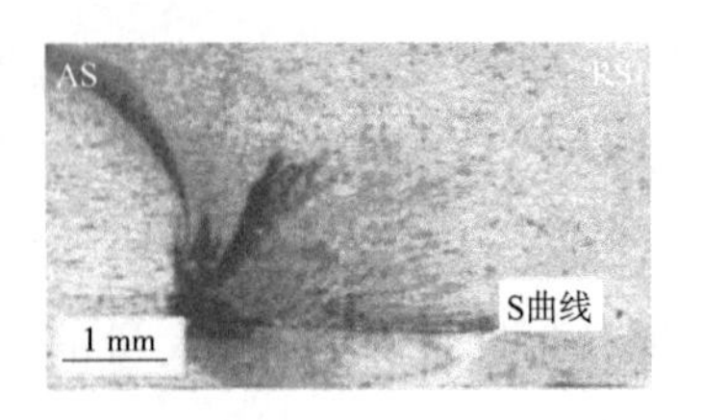

(c)搅拌头前进速度为 37.5 mm/min

图 A-15 不同搅拌头前进速度获得的连接区微观形貌[126](续)

徐韦锋[127]等人对 2219-O 铝合金搅拌摩擦连接区缺陷进行分析，认为当搅拌头下压量过大时，连接区塑化金属将从搅拌头轴肩部位挤出，形成飞边；当搅拌头下压量过小时，连接区塑化金属会出现“上浮”溢出现象，进而出现连接区孔洞；随着搅拌头下压量减少，甚至会出现隧道现象。图 A-16 展示了不同的缺陷。

(a)飞边与孔洞缺陷

(b)隧道缺陷

图 A-16 各种缺陷[127]

通过拉伸试验分析还发现，图 A-16 中显示的孔洞、隧道等缺陷对搅拌摩擦连接试样的屈服强度和抗拉强度以及延伸率均有很大的影响，其直接降低了试样的相关性能，不利于工程实践应用。同时，带有缺陷的连接区显微硬度也大大降低，连接区断裂截面也会出现类蜂窝状形貌，说明连接区的缺陷引起连接区出现了韧-脆性混合断裂，其相关形貌如图 A-17 所示。

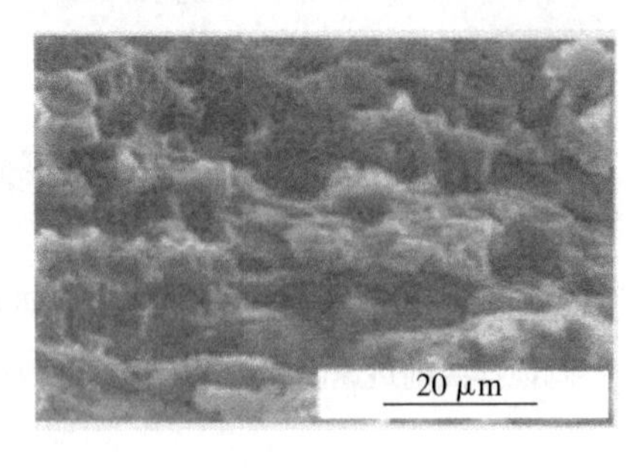

图 A-17 出现隧道缺陷断裂截面的形貌[127]

栾国红[128]等人还对中性盐雾下 7075 铝合金搅拌摩擦连接区的耐腐蚀

性能进行分析，结果显示连接区的晶粒和第二相粒子得到明显细化，连接区表层的第二相粒子分布不均匀，连接区的耐腐蚀性低于母材，连接区的腐蚀发生在晶界，且腐蚀以点蚀为主，腐蚀最终以剥落形式呈现。

图 A-18 为 7075 铝合金搅拌摩擦连接区表层的微观组织照片。从图 A-18 中可以看出，7075 铝合金搅拌摩擦连接区主要分为四个区域，分别为连接区中心、热机影响区、热影响区和母材区。其相关区域的位置分别在图A-18(a)中的 b、c、d 和 e 处，对应的微观组织见图 A-18(b)至图 A-18(e)。图 A-18(a)中深色区域为搅拌头轴肩挤压区域，其因搅拌头循环往复的水平挤压，表面出现波纹特征，这充分说明该区域发生了较剧烈的金属塑化流动，这也是该区域强化第二相粒子分布不均匀的原因。从图 A-18(b)可以看出，该区域晶粒得到明显细化，并且可以看到黑色的流线，这是腐蚀后第二相粒子留下的痕迹，这同时充分说明强化第二相粒子随着塑化金属的流动而呈现波纹状态分布。热机影响区的微观组织如图 A-18(c)所示(实质上这一区域并非真正意义上的热机影响区，仅为热影响区与母材的交界区域，真正的热机影响区出现在搅拌头轴肩挤压部位和与工作台挤压部位等)。该区域因为存在过渡区，故其晶粒形状及分布状态较为复杂，导致该区域也较容易出现腐蚀。热影响区的微观组织如图 A-18(d)所示，由于受到搅拌头搅拌摩擦热的影响，该区域强化第二相粒子尺寸有一定变化，其他与母材[图 A-18(e)]的微观组织基本相同，变化较小。

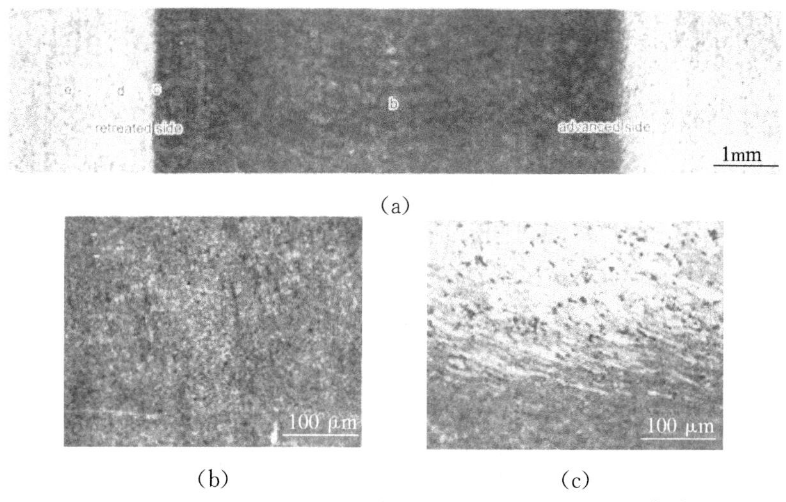

(a)

(b)　　　　(c)

图 A-18　7075 铝合金搅拌摩擦连接区表层的微观组织[128]

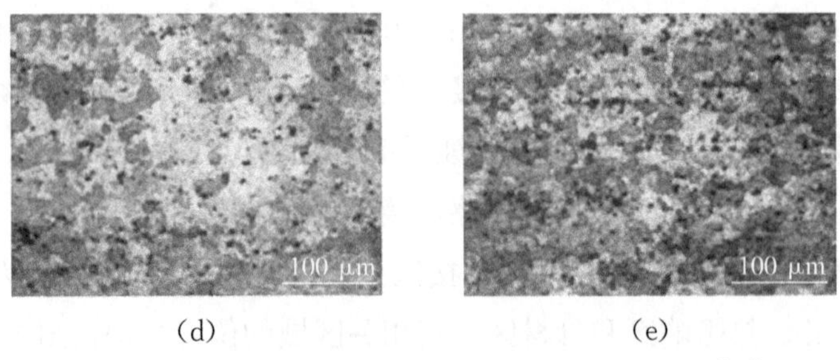

(d) (e)

图 A-18 7075 铝合金搅拌摩擦连接区表层的微观组织[128]（续）

图 A-19 为 7075 铝合金搅拌摩擦连接区的透视电镜拍摄的微观组织，其中图 A-19(a)为母材区域的微观组织，图 A-19(b)为热机影响区的微观组织。从图 A-19(a)和(b)可以清楚地看出，母材区和热机影响区的粒子形状基本呈现球状和椭圆形的 η 相($MgZn_2$)，这是连接区的主要强化相。η 相在晶界优先析出会导致连接区晶间发生腐蚀和剥落。图 A-19(c)为连接区中心的透视电镜拍摄的微观组织，从图中可以清楚地看出，连接区晶粒搅拌后出现明显的晶粒细化，强化第二相粒子在连接区也比较小，这是搅拌头在连接区中心搅拌造成强化第二相粒子机械破碎以及溶解再析出的结果。

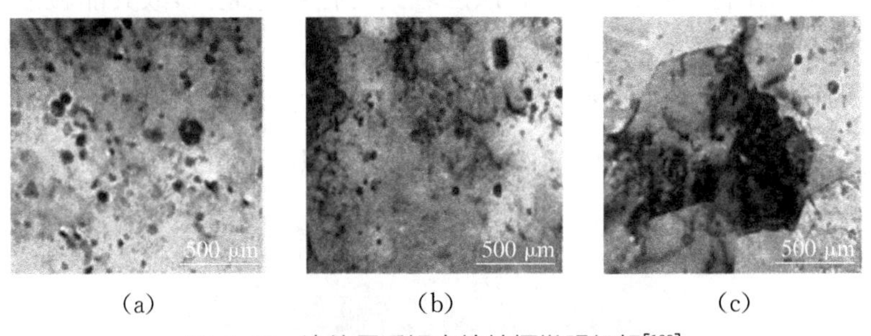

(a) (b) (c)

图 A-19 连接区透视电镜拍摄微观组织[128]

图 A-20 是 7075 铝合金不同腐蚀时间后获得的腐蚀宏观形貌。从图 A-20(a)到图 A-20(f)腐蚀时间分别为 8 h、32 h、72 h、144 h、186 h 和 240 h。从图 A-20(a)可以看出，8 h 后，连接区就出现腐蚀，连接区的前进侧比返回侧的腐蚀程度要大，这是因为返回侧的包铝层因受搅拌头轴肩的影响堆积在返回侧，致使返回侧的耐腐蚀性要比前进侧好。但是，由于搅拌头轴肩将包铝层堆积在返回侧并不是均匀的，因此还是看到返回侧出现腐蚀，如图 A-20(b)所示。随着腐蚀时间的延长，前进侧的腐蚀程度也逐渐加深，而母材区域由于存在包铝层，故其腐蚀程度比连接区要轻，连接区的耐腐蚀性比母材差。

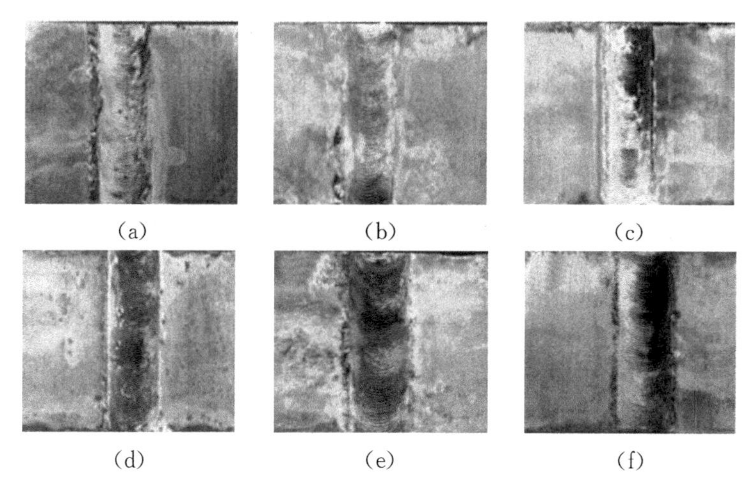

图 A-20　连接区不同腐蚀时间获得的腐蚀宏观形貌[128]

图 A-21 为 7075 铝合金搅拌摩擦连接区宏观形貌。从图 A-21(b)中可以看出，在腐蚀 8 h 后连接区表面出现不连续的点蚀，随着腐蚀时间的延长，其表面出现浅灰色的腐蚀膜，如图 A-21(b)中连接区两侧发白的区域，此时，腐蚀坑的数量不断增加。当腐蚀达到 72 h 后，在较大的点蚀坑周围出现鼓泡裂开现象，同时伴随轻微的剥落层和细密的白色腐蚀物产生，如图 A-21(c)所示。当腐蚀的时间达 144 h 后，连接区出现严重的变色，产生大量的腐蚀物并发生剥落，腐蚀不断地向连接区的更深处延伸，再随着腐蚀时间的增加，这种剥落现象更为明显，如图 A-21(e)和图 A-21(f)所示。

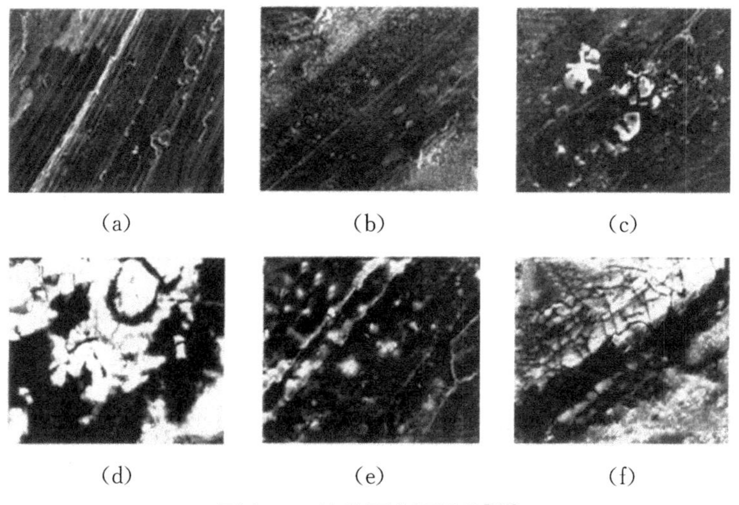

图 A-21　连接区宏观形貌[128]

图 A-22 为 7075 铝合金搅拌摩擦连接区前进侧在不同腐蚀时间下的表面形貌。图 A-22(a)要比图 A-21(a)看上去腐蚀更为严重，实质上，从图 A-22(a)中已经看出腐蚀 8 h 后的连接区已经出现了严重的腐蚀，而在腐蚀 32 h后出现大量的白色质点，这是点蚀发生过程中留下的强化第二相粒子，如图 A-22(b)所示。当腐蚀时间达到 72 h 时，出现大块的腐蚀产物，如图 A-22(c)所示。当腐蚀时间达到 144 h 时，大片的腐蚀产物已经覆盖在连接区表层，使得晶间腐蚀等特征被掩盖，但实质上其内部层状腐蚀已经很严重了，随着腐蚀时间的延长，出现明显的腐蚀剥落，如图 A-22(e)和(f)所示。连接区返回侧的腐蚀与前进侧基本相似，但要比前进侧的腐蚀程度有所减轻。

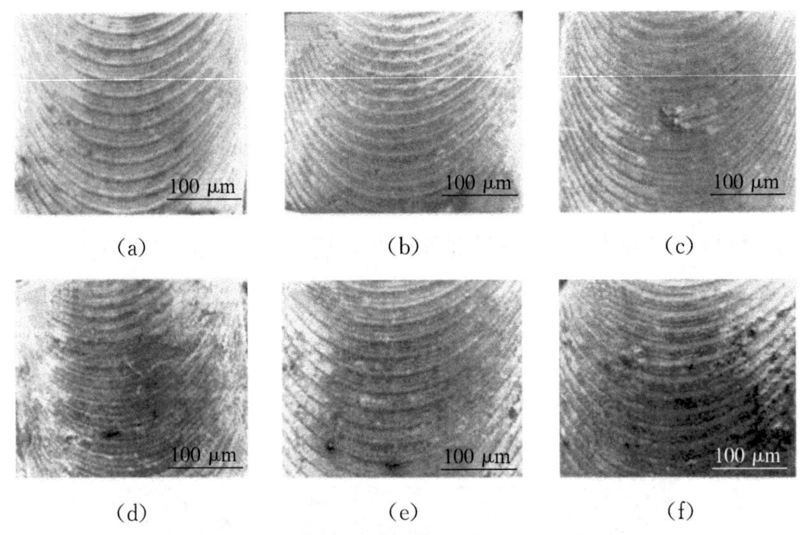

图 A-22　前进侧不同腐蚀时间下的表面形貌[128]

从上述分析可以看出，7075 铝合金搅拌摩擦连接区的耐腐蚀性明显降低，连接区出现的盐雾腐蚀主要以点蚀和晶间腐蚀为主，随着腐蚀时间的不断增加，腐蚀程度也在不断增加，从开始的点蚀到全面腐蚀，直至最后的剥落。连接区前进侧的腐蚀要弱于返回侧。相同的腐蚀条件下，连接区不论在晶内还是在晶界外均析出强化相。由于析出相电化学活性的不同，阴极会比阳极优先溶解，造成点蚀和晶间腐蚀。因搅拌摩擦连接 7075 铝合金受到诸多因素的影响，其不同位置的组织及残留的包铝层不均匀，连接区的腐蚀演变规律会出现一定的波动，但从整体角度分析，连接区的盐雾腐蚀演变规律基本一致。

付瑞东[129]等人对2024铝合金搅拌摩擦连接区的盐雾腐蚀性能进行分析，认为连接区表层的弧纹特征是由搅拌头轴肩水平挤压形成的，同时，连接区的晶粒和强化第二相粒子均得到明显的细化。第二相主要由棒状的Al_2CuMg(S相)和颗粒状的$CuAl_2$(θ相)组成，连接区在盐雾腐蚀下因包铝层的破坏腐蚀程度明显增加，但腐蚀程度因受到连接区包铝层破坏程度不同而呈现不均匀性，腐蚀形式先是以点蚀为主，随着腐蚀时间的延长，腐蚀由点蚀逐渐转变为腐蚀剥落。

图A-23为2024铝合金搅拌摩擦连接区的微观组织，从图中可以看出，连接区微观组织一样存在连接区中心、热机影响区、热影响区和母材区域四部分。图A-23(a)中，中间黑色部分是搅拌头轴肩的挤压形成的结果，且在黑色区域可以看到不同的波纹，这是由于在搅拌头搅拌作用下该区域的金属发生塑化流动，波纹处是第二相粒子的分布所导致的结果，在图A-23(a)中还能清晰地看到热机影响区。从图A-23(b)中可以看出连接区中心晶粒得到很好的细化，并且还能看到第二相粒子的轨迹，这是强化相随金属塑化流动的结果，其呈波纹状态。在搅拌头和轴肩的搅拌和摩擦作用下，热机影响区晶粒发生很大的变化，该区域晶粒呈现的形状较为复杂，如图A-23(c)所示。而热影响区明显大于母材区，母材主要以扁平状态出现，因为母材是轧制板材，而热影响区受到摩擦热作用，晶粒出现再结晶而长大，且在热影响区受到搅拌头作用力，导致长大的晶粒发生力作用而破碎，故显示为较大的形状，如图A-23(d)所示。为了证明上述结果的准确性，研究团队对连接区进行了透视电镜分析，如图A-24所示。图A-24(a)为母材区的微观组织，图A-24(b)为热机影响区的微观组织，这两个区域的晶粒尺寸均较大。在母材区域析出的第二相主要是棒状的Al_2CuMg(S相)和颗粒状的$CuAl_2$(θ相)。热机影响区的晶粒因受到搅拌头和轴肩作用力破坏而破碎，但其析出的第二相同母材一样。在图A-24(b)中还可以看到晶界也出现析出物，连接区中心的晶粒尺寸较小，仅为0.5～3 μm，连接区中心的晶粒得到均匀的细化，同时，连接区中心未见到大尺寸的棒状析出物，这可能是第二相在再结晶过程中发生了溶解或机械破碎所导致的结果。

(a)连接区截面整体微观组织

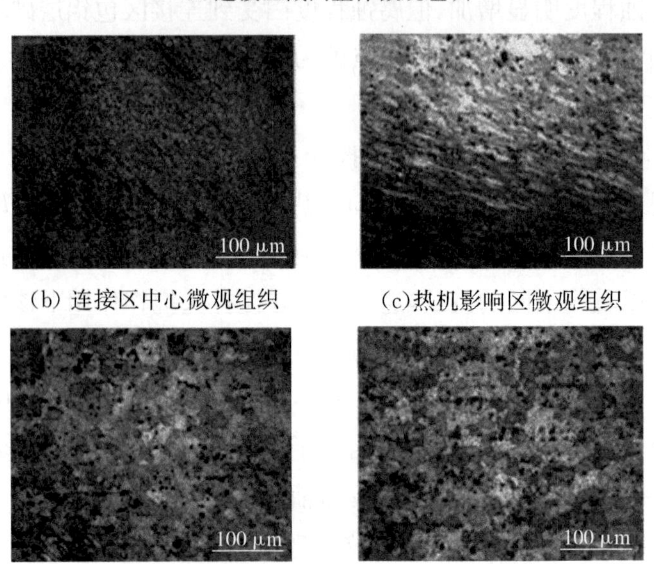

(b) 连接区中心微观组织　　(c)热机影响区微观组织

(d)热影响区微观组织　　(e)母材区域微观组织

图 A-23　2024 铝合金搅拌摩擦连接区的微观组织[129]

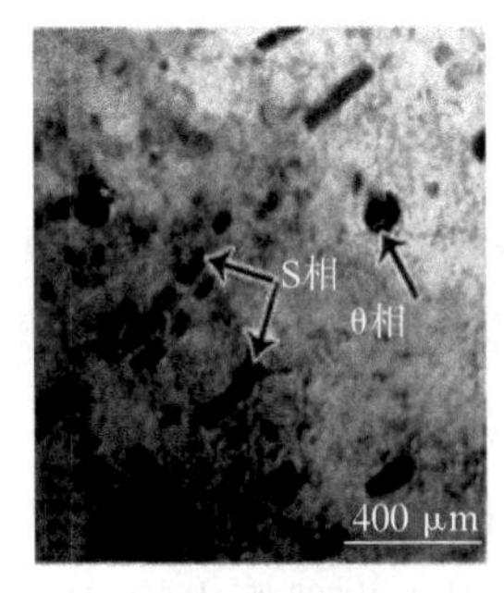

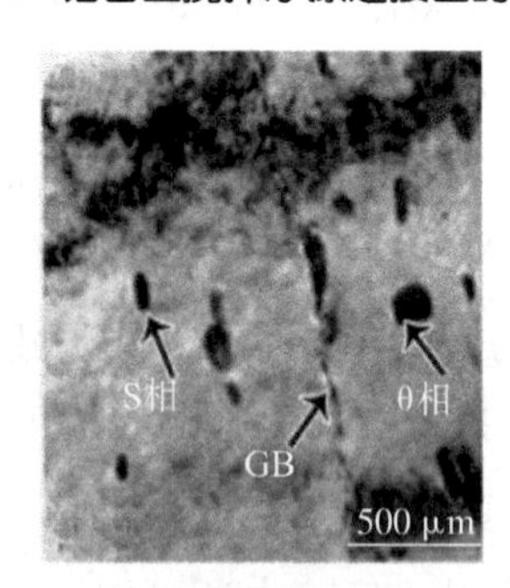

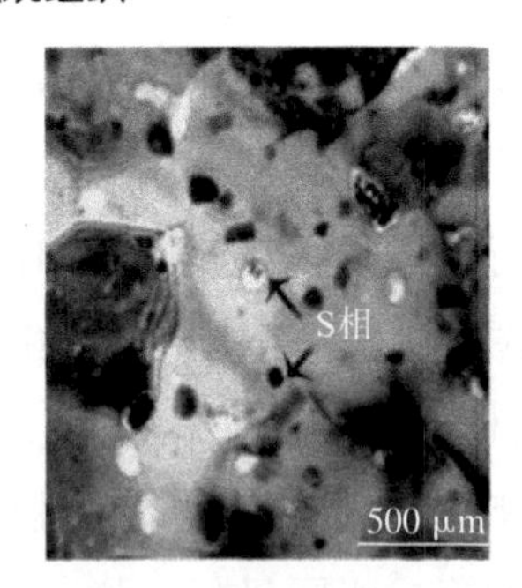

(a)母材区域　　(b)热机影响区　　(c)连接区中心

图 A-24　2024 铝合金搅拌摩擦连接区透视电镜照片[129]

图 A-25 是 2024 铝合金搅拌摩擦连接区在 5% NaCl 腐蚀溶液中腐蚀不同的时间得到的腐蚀宏观形貌。图 A-25(a)至图 A-25(f)中腐蚀的时间分别为 8 h、32 h、72 h、144 h、168 h 和 240 h。从图 A-25(a)可以看出，连接区在腐蚀 8 h 后就出现了点蚀，但此时的腐蚀产物很细且较薄，呈现出细沙粒形状。随着腐蚀时间的不断增加，腐蚀产物不断增厚，其颜色也变为红褐色。

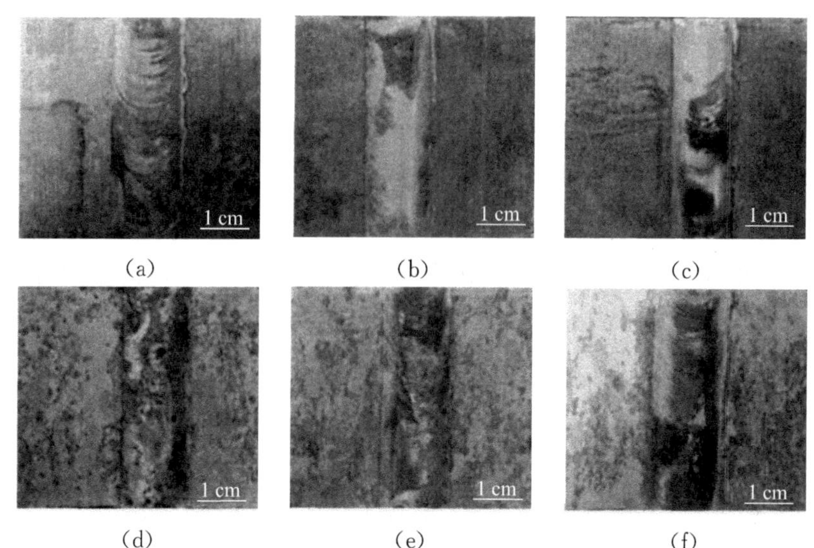

(a)　(b)　(c)

(d)　(e)　(f)

图 A-25　2024 铝合金搅拌摩擦连接区不同腐蚀时间得到的腐蚀宏观形貌[129]

图 A-26 为 2024 铝合金搅拌摩擦连接区不同腐蚀时间下的表面形貌。从图中可以清楚地看出各腐蚀时间下腐蚀的程度均较大，只是刚开始的 8 h 腐蚀主要以分散的点蚀为主，随着腐蚀时间的延长，腐蚀的程度也逐渐增加，直至腐蚀时间达到 168 h，腐蚀不再以点蚀为主，而是出现了剥落现象，这证明随着腐蚀时间的延长，连接区的腐蚀程度更明显、剧烈。

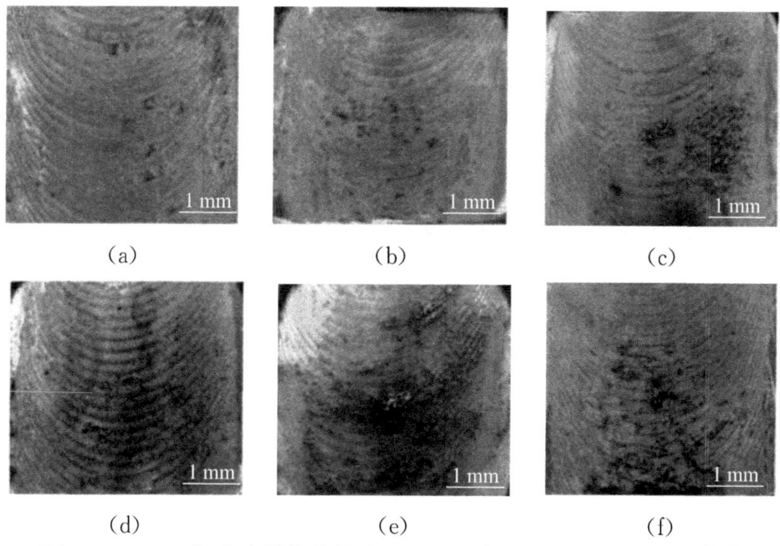

(a)　(b)　(c)

(d)　(e)　(f)

图 A-26　2024 铝合金搅拌摩擦连接区不同腐蚀时间下的表面形貌[129]

图 A-27 和图 A-28 分别为 2024 铝合金搅拌摩擦连接区返回侧和前进侧在不同腐蚀时间后的表面形貌。从图 A-27(a)和图 A-28(b)可以清楚地看到，在经过 8 h 的盐雾腐蚀后，连接区返回侧的腐蚀程度明显比前进侧好，返回侧基本未发生腐蚀，而前进侧出现了点蚀。随着腐蚀时间的延长，达到 32 h 后，连接区的返回侧和前进侧均出现大量的白色腐蚀产物，腐蚀主要以点蚀和剥落为主，如图 A-27(b)和 A-28(b)所示。随着腐蚀时间的进一步延长，腐蚀的产物也逐渐增加，腐蚀程度明显增加。随着腐蚀时间延长到 144 h，前进侧腐蚀主要为大量点蚀和细小的 S 相第二相粒子，如图 A-29 所示。

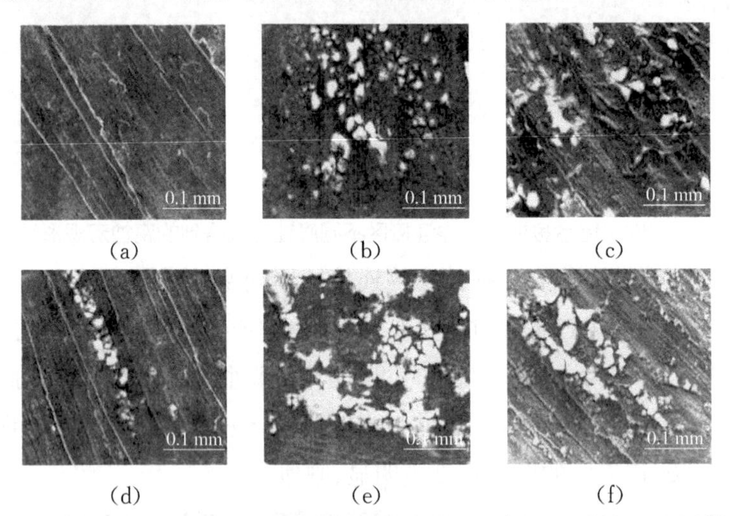

图 A-27　2024 铝合金搅拌摩擦连接区返回侧不同腐蚀时间的表面形貌[129]

图 A-28　2024 铝合金搅拌摩擦连接区前进侧不同腐蚀时间的表面形貌[129]

图 A-30 为晶间腐蚀，从图中可以看出，晶间局部出现腐蚀趋势，且在晶间看到大量堆积的白色细小的第二相粒子，随着腐蚀时间的延长，腐蚀产物的面积逐渐增多且堆积，造成底层腐蚀产物受内应力作用而出现龟裂，呈块状形貌。但随着腐蚀时间的继续增加，其腐蚀表面形成了一层膜覆盖在试样表面，在一定程度上阻碍了腐蚀的发生，对连接区的腐蚀起到保护作用。

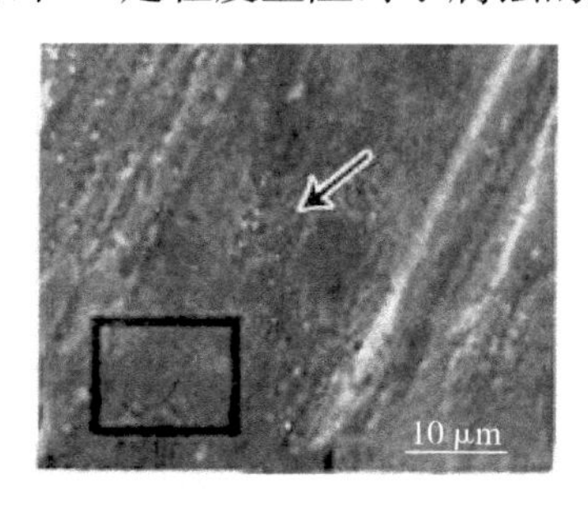

图 A-29　点蚀和第二相粒子[129]

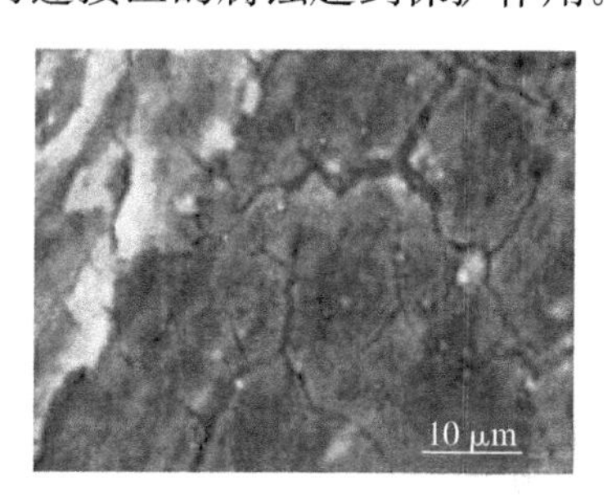

图 A-30　晶间腐蚀[129]

图 A-31 为前进侧的腐蚀放大图及能谱图，从图中可以看出，前进侧的腐蚀产物含 Cu 元素较高；从图 A-31(b)可以看出，在酸性盐雾腐蚀下，铝合金的腐蚀产物可能有 $CuCl_2$。

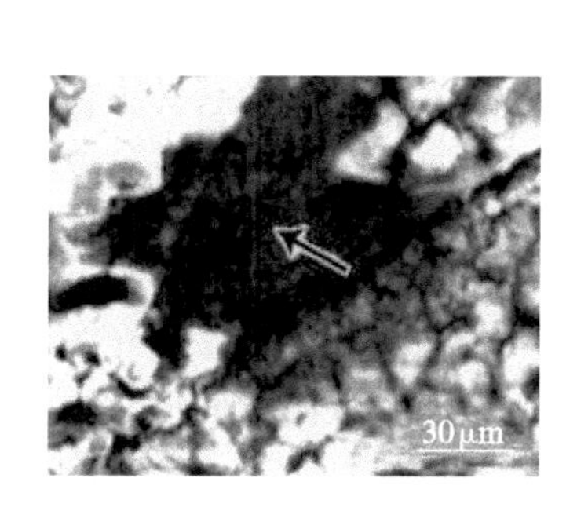

(a)前进侧腐蚀放大区域

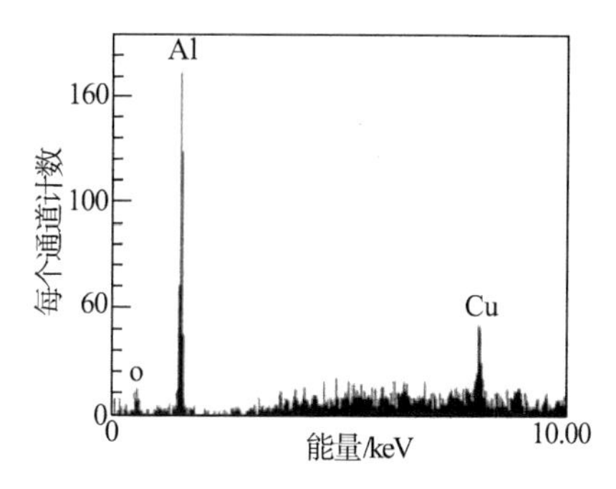

(b)图(a)中箭头所指的能谱

图 A-31　前进侧的腐蚀放大图及能谱[129]

图 A-32 为 2024 铝合金搅拌摩擦连接区中心在不同的腐蚀时间内的表面形貌。经过 8 h 的腐蚀后，腐蚀表面出现白色细小的第二相粒子，如图 A-32(a)中箭头所示。这些白色细小的第二相粒子经过酸性盐雾腐蚀后出现边缘起泡，呈微裂开状，腐蚀时间达到 72 h 后，其腐蚀的白色细小的第二相粒子逐渐减少，腐蚀坑增多，如图 A-32(b)中箭头所示，这是因为细小的第二相粒子边缘被腐蚀掉了，粒子从腐蚀坑中脱落出来，留下较多的腐蚀坑。腐蚀时间达到 240 h 后，腐蚀严重，表面出现很厚的白色腐蚀产物，随着腐蚀时间的增加，腐蚀产物自身在干燥环境下出现龟裂、破落，露出腐蚀产物下的基体部分，如图 A-32(c)所示。从上述分析可以看出，腐蚀时间较短时主要出现点蚀、晶间腐蚀和部分剥落腐蚀，经长时间的腐蚀后，腐蚀主要以剥落腐蚀为主，且连接区前进侧比返回侧腐蚀严重。

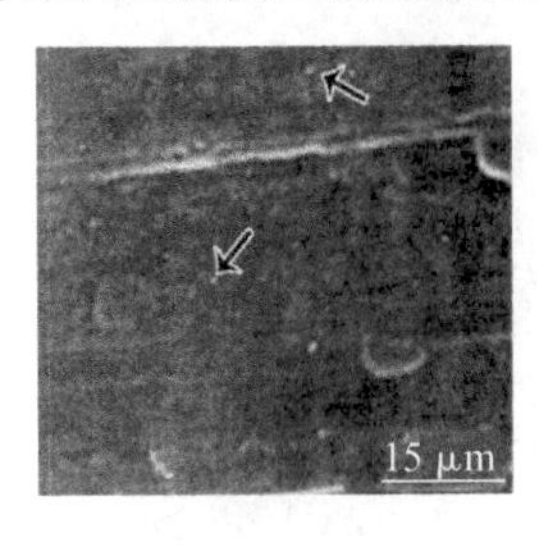

(a)腐蚀 8 h

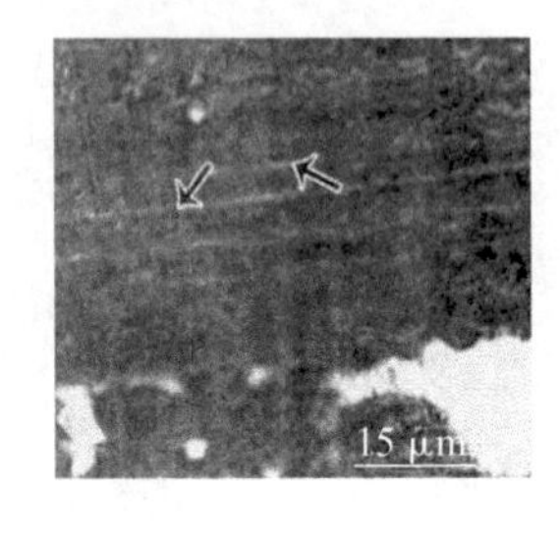

(b)腐蚀 72 h

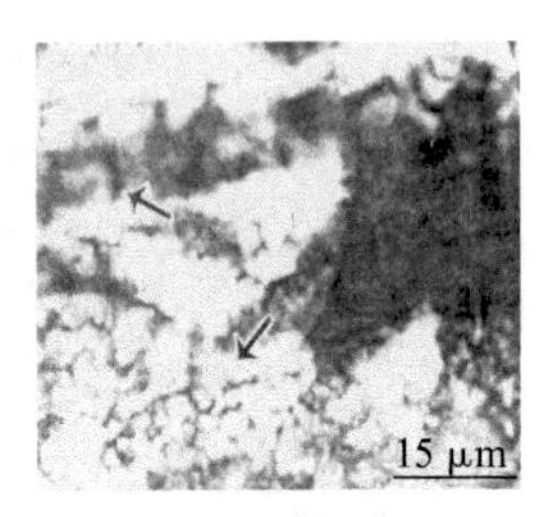

(c)腐蚀 240 h

图 A-32　2024 铝合金搅拌摩擦连接区中心不同腐蚀时间的表面形貌[129]

董继红[130]等人对 30 mm 厚 7A05 铝合金搅拌摩擦连接区力学性能进行分析，结果认为连接区发生动态再结晶，获得较细的等轴晶，前进侧与返回侧的微观组织不同，前进侧以窄条状组织为主，而返回侧出现扁平状组织，热影响区的晶粒较为粗大。同时，经过试验还获得较好的连接工艺参数：搅拌头旋转速度为 360 r/min，搅拌头前进速度为 100 mm/min。该参数下连接区的抗拉强度为 367.7 MPa，屈服强度为 280.8 MPa，断后延伸率为14.4%，连接区抗拉强度达到母材的 95%，连接区的显微硬度呈现为“W”形分布，热影响区软化趋势比较明显。

图 A-33 为 30 mm 厚 7A05 铝合金搅拌摩擦连接区的截面形貌。针对厚板搅拌摩擦连接，搅拌头旋转速度过高或搅拌头前进速度过低均会引起连接区中心出现高温区域，连接区的强化相会分解或转变，连接区的强度就会降低；若搅拌头的旋转速度过低或搅拌头前进速度过高，其连接区中心温度会较低，连接区域金属塑化能力会降低，连接区成形也会较为困难，连接区会出现不同的缺陷。通过试验证明，设计合适的搅拌头结构并选择合适的工艺参数，能够使 30 mm 厚的 7A05 铝合金获得性能较好的连接区。图 A-33 中给出了连接区的不同位置，如热机影响区、连接区中心、热影响区和母材等。从图 A-33 还可以看出，连接区中心与两侧热影响区的分界线较为清晰，返回侧相对模糊。

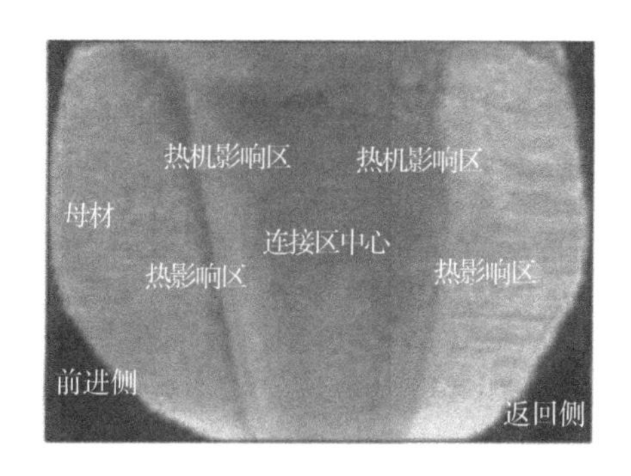

图 A-33　7A05 铝合金搅拌摩擦连接区的截面形貌[130]

图 A-34 为 7A05 铝合金搅拌摩擦连接区的微观组织。从图 A-34 中可以看出,连接区不同位置的微观组织差异较大。从图 A-34(a)中可以看出,母材的晶粒呈板条状,晶粒的长度可达数百微米。从图 A-34(b)中可以看出,连接区中心的晶粒得到很好的细化,这是搅拌摩擦产生摩擦热促使中心塑化金属发生动态再结晶的结果。从图 A-34(c)和图 A-34(d)中可以看出,热机影响区发生了塑性变形与动态再结晶,前进侧和返回侧两边的热机影响区与连接区中心之间均有较为明显的过渡区,前进侧的过渡区较窄,过渡区两边的晶粒尺寸相差很大,在接近连接区中心得到细小晶粒,晶粒大小接近连接区中心的晶粒;远离连接区中心,晶粒沿界面方向被拉长。返回侧晶粒过渡区比较宽,分界线不明显,在接近连接区中心得到细小晶粒,晶粒大小接近连接区中心的晶粒;远离连接区中心,晶粒被拉伸成扁平瀑布状。值得注意,前进侧分界线处的晶粒小于靠近连接区中心的晶粒,甚至小于连接区中心的晶粒;返回侧则没有这种现象,如图 A-34(e)和图 A-34(f)所示。这是由于连接区两侧搅拌头的旋转方向与搅拌头前进方向不一致,在前进侧,母材受搅拌头的剪切力作用影响,塑性变形方向与搅拌头前进方向相同,旋转的搅拌头前进过程中在其后方留下一个空腔,而搅拌头前进时对前方母材存在挤压作用,塑性金属在搅拌头的挤压作用下向后方空腔流动,前进侧的塑性金属流动方向与母材被剪切形成的塑性金属的流动方向相反,变形差很大,而返回侧的塑性金属流动与母材被剪切形成的塑性金属流动方向相同。热影响区是连接区没有发生塑性变形的区域,该区域的材料受热循环的影响,微观组织和力学性能均发生变化,在连接摩擦热循环作用下,连接区组织各部位发生不同程度的粗化、静态再结晶和回复,并因过时效而软化,但仍保留了母材带状轧制组织的部分形貌，如图 A-34(c)和图 A-34(d)所示。实质上，选用搅拌头旋转速度为 360 r/min，搅拌头前进速度为 100 mm/min 时获得的连接区的性能最好，连接区的抗拉强度能达到母材的 95%，屈服强度能达到母材的 81%，断后延伸率高于母材，其值为 14.4%。

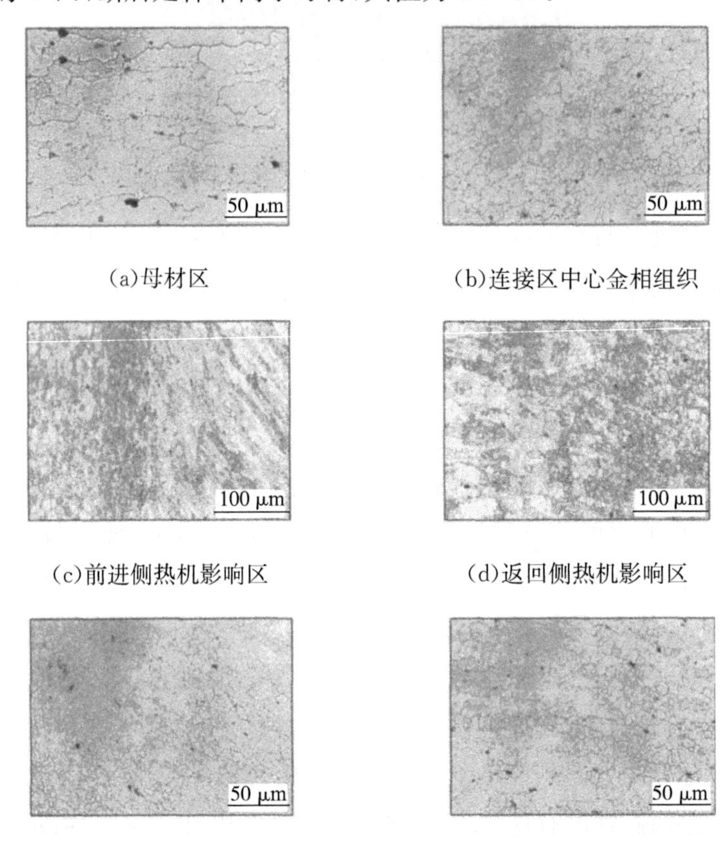

(a)母材区　(b)连接区中心金相组织

(c)前进侧热机影响区　(d)返回侧热机影响区

(e)前进侧热机影响区放大图　(f)返回侧热机影响区放大图

图 A-34　7A05 铝合金搅拌摩擦连接区的微观组织[130]

连接区不同位置的微观组织差异常常通过硬度差异来呈现。董继红等人的研究还发现，沿连接区截面硬度分布呈“高—低—高—低—高”趋势，即两侧母材硬度高，在热影响区和热机影响区之间硬度降低，到连接区中心的位置，硬度又升高。其中，中部连接区中心硬度接近母材，比母材要低，硬度最高处约为 129.8 HV。前进侧过渡区硬度变化比较明显，材料从母材到连接区中心组织变化较快，硬度分布存在较大差异，而搅拌摩擦连接材料的流动主要集中在连接板材的返回侧，返回侧的过渡区域较大，硬度分散差异较小。因此,同一连接区中心显微硬度的最低值出现在上部的前进侧热影响区,约为 102.6 HV,中部及底部的最低值也几乎在前进侧热影响区,说明前进侧的热影响区是连接区的薄弱环节。对于同一连接区的上部、中部、下部这三个不同位置,上部硬度的最低值比中部、下部的低,这是由于上部主要受搅拌头的轴肩及搅拌针摩擦双重作用,产生的热量比较大且冷却时间长,热影响区和热机影响区在连接过程中受到温度升高的作用,材料出现了过时效,晶粒有足够的时间长大,较大的晶粒降低了硬度。因此,上部的微观结构特性与中部、下部不同,反映在微观硬度上即为硬度数值比较低,强度下降。

近二十多年来,国内先后有几百人、几十家研究单位在从事搅拌摩擦连接技术的研究,如清华大学、哈尔滨工业大学、西北工业大学、南京航空航天大学以及黄山学院等。黄山学院从 2011 年开始从事搅拌摩擦连接技术研究,先后取得相关的发明专利近百项,并先后研发了多款搅拌摩擦连接装备,如图 A-35 所示。

(a)四轴联动搅拌摩擦连接装备

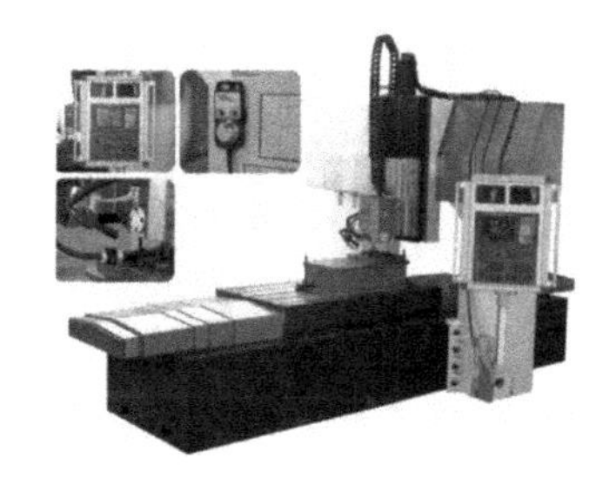

(b)轻量化搅拌摩擦连接装备(6000 mm)

图 A-35 黄山学院团队自主研发的搅拌摩擦连接装备

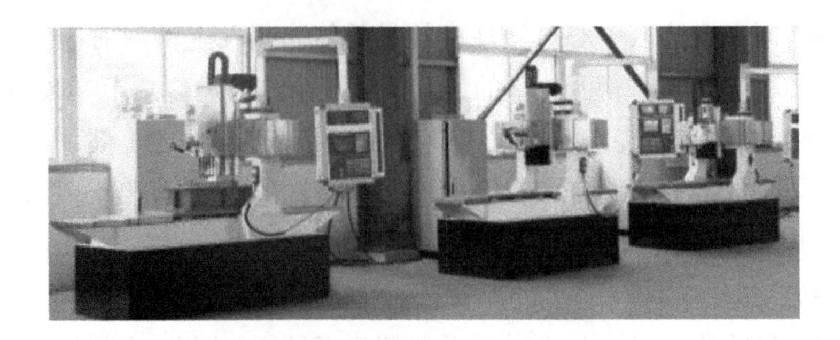

(c)轻量化搅拌摩擦连接装备(2000 mm)

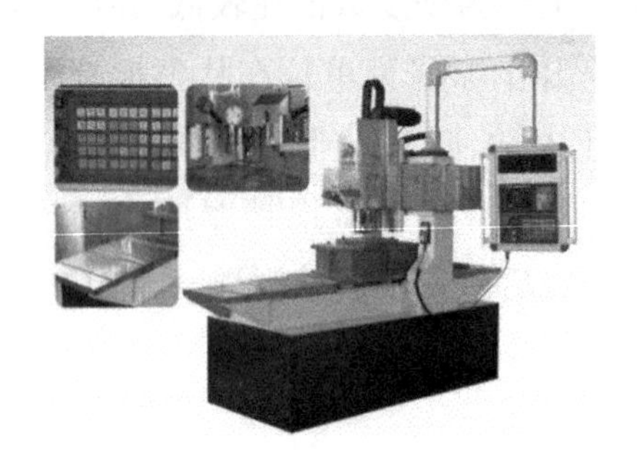

(d)轻量化搅拌摩擦连接装备(2000 mm)放大图

(e)机器人搅拌摩擦连接装备

图 A-35　黄山学院团队自主研发的搅拌摩擦连接装备(续)

附录 B 搅拌摩擦加工技术

搅拌摩擦加工技术(FSP)是在搅拌摩擦连接技术的基础上发展起来的,通常它主要选用较短的搅拌针或无搅拌针的搅拌头对需要改性的材料进行表层搅拌摩擦加工,促使表层金属在摩擦热的基础上发生动态再结晶,细化表层晶粒,同时实现一定的表层硬化,获得较为耐磨和耐腐蚀的改性表层。

搅拌摩擦加工技术通常加工改性的材料厚度要大于搅拌头的搅拌针深度,这类加工技术在发展过程中逐渐出现新的技术延伸,即在被加工的材料表层开槽、打孔,再配以一些耐磨、耐腐蚀的改性混合粉末填入开好的槽孔中,利用石蜡固化后用搅拌头进行表层搅拌,将混合粉末在搅拌头高速旋转和前进的两个力作用下沿着搅拌头不断地向改性的表层弥散分布,起到强化改性表层性能的作用。

本书作者从 2013 年就开始研究搅拌摩擦加工技术,主要开展铜合金表层的搅拌摩擦加工技术研究,即通过对铜合金表层"注入"一些耐磨性粉末,如钨、铬和钛等,获得一些性能较好的改性表层。本书的研究也是这项技术的延伸,在项目研究中,选择搅拌摩擦表面加工技术,实质上是研究在材料较浅表层的改性,区别于其他学者研究的是改性层较厚的搅拌摩擦加工技术。通过大量的研究发现,材料表层的改性并非越厚越好,而是达到均匀改性才最佳,因此,这将会是未来搅拌摩擦加工研究的主线,也是未来发展的大趋势。

国内最早进行搅拌摩擦加工技术研究的学者是中国科学院金属研究所的马宗义研究员,他在《搅拌摩擦加工细晶镁合金超塑性研究》[131]一文中提到,搅拌头的高速旋转和前进造成加工区材料的剧烈塑性变形和热暴露,导致此区域晶粒发生动态再结晶,从而造成该区域的晶粒细化,呈等轴晶状态。文中利用搅拌摩擦加工技术对 ZK60 和 ZK60-Y 镁合金进行加工,通过优化搅拌摩擦工艺参数,获得 2～5 μm 的细晶。研究发现,在 ZK60 镁合金搅拌摩擦加工过程中,MgZn 相在搅拌过程中溶入镁基体,而在 ZK60-Y 镁合金搅拌摩擦加工过程中,$Mg_3Zn_3Y_2$ 粗大相被破碎而均匀分布到基体中。通过试验还发现,ZK60 镁合金在 200～325 ℃范围内有良好的超塑性,而 ZK60-Y

在400～450 ℃范围内具有很好的超塑性。另外，马宗义在《搅拌摩擦焊接与加工技术研究进展》[132]一文中提到，搅拌摩擦连接技术还可用于材料微观结构的改性和新材料制备，即搅拌摩擦加工技术。搅拌摩擦加工技术还可以实现第二相的溶解、促进元素之间的扩散与反应。目前，搅拌摩擦加工技术已在细晶/超细晶材料和表面/块体复合材料制备、非均质材料微观结构改性、工件局部强化/缺陷修补等方面取得较好的成果。

目前，从事搅拌摩擦加工技术的研究单位较多，除了中国科学院金属研究所，还有南京航空航天大学、西北工业大学等高校。在这些研究中，要想获得较好的搅拌摩擦加工改性表层，除了要添加一些特殊元素，还要关注搅拌头的结构设计、表面开槽孔的形式以及相应的工艺参数选择等。搅拌摩擦加工是一个复杂的过程，想要获得均衡的改性表层性能，需要优化改进的方面还有许多，该方向的研究后续前景十分广阔，且具有很强的应用价值。

参考文献

[1]李文畅. 搅拌摩擦加工制备碳纤维—H62黄铜基复合材料的组织及性能研究[D]. 长春:长春工业大学,2021.

[2]张慧洁,侯瑶,吴克凡. 建筑装饰用铜合金的表面钝化工艺与性能研究[J]. 真空科学与技术学报,2021,41(6):539—545.

[3]郁大照,张彤,刘琦. 基于水平集方法研究H62铜合金腐蚀沉积分布[J]. 兵器装备工程学报,2021,42(7):263—268.

[4]郁大照,张彤,刘琦. 温度与氯离子浓度对H62铜合金腐蚀的影响[J]. 海军航空工程学院学报,2020,35(6):419—424,432.

[5]白苗苗,白子恒,蒋立,等. H62黄铜/TC4钛合金焊接件腐蚀行为研究[J]. 中国腐蚀与防护学报,2020,40(2):159—166.

[6]张文利,查小琴,刘晓勇,等. 船用铜合金HAl67-2.5和H62的腐蚀行为及电偶腐蚀倾向性研究[J]. 材料开发与应用,2018,33(5):14—19.

[7]宋篪. H62双相黄铜的疲劳开裂行为[J]. 品牌与标准化,2016,(2):66—67.

[8]OUYANG J H,KOVACEVIC R. Material flow and microstructure in the friction stir butt welds of the same and dissimilar aluminum alloys[J]. Journal of Materials Engineering and Performance,2002,11(1):51—63.

[9]COLEGROVE P A,SHERCLIFF H R. Development of trivex friction stir welding tool part 2:three-dimentional flow modeling[J]. Science and Technology of Welding and Joining,2004,9(4):352—361.

[10]王家兴,倪雁冰,董娜,等. 搅拌摩擦焊接装备工作载荷预估及刚度分析[J]. 中国机械工程,2016,27(2):258—264.

[11]李剑,向延鸿. 冷却方式对铝合金薄板搅拌摩擦焊接头性能的影响[J]. 有色金属工程,2016,6(6):6—8.

[12]王文,李瑶,郝亚鑫,等. 强制冷却对TC4钛合金搅拌摩擦焊接接头

组织性能影响[J]. 稀有金属材料与工程,2015,44(11):2842—2846.

[13]COLLIGAN K. Material flow behavior during friction stir welding of aluminum[J]. Welding Journal,1999,(7):229—237.

[14]FONDA R W,BINGERT J F,COLLIGAN K J. Development of grain structure during friction stir welding [J]. Scripta Meterialia, 2004, 51(3): 243—248.

[15]LI Y,MURR L E,MCCLURE J C. Flow visualization and residual microstructures associated with friction-stir-welding of 2024 aluminum to 6061 aluminum [J]. Materials Science and Engineering: A, 1999, A271(1—2):213—223.

[16]陈东高,刘全合,陈东亮,等. 7A52 铝合金厚板搅拌摩擦焊接接头疲劳性能研究[J]. 兵器材料科学与工程,2016,39(4):90—94.

[17]杨超,王继杰,马宗义,等. 7B04 铝合金薄板的搅拌摩擦焊接及接头低温超塑性研究[J]. 金属学报,2015,51(12):1449—1456.

[18]林贤军,刘建,杨大权,等. 7B05 铝合金搅拌摩擦焊接头的微观组织和力学性能[J]. 电焊机,2016,46(3):105—108.

[19]夏志华,王峰. 2A14-T4 铝合金搅拌摩擦焊焊接热输入对焊缝表面成形的影响[J]. 热加工工艺,2016,45(13):197—201,205.

[20]郑会海,吴志生,柴斐,等. 5A06 铝合金搅拌摩擦焊焊接工艺参数对焊缝成形性影响[J]. 工艺与新技术,2016,45(4):47—51.

[21]徐蒋明,徐春容,樊保全,等. 304L 奥氏体不锈钢搅拌摩擦焊与 TIG 焊接头的微观组织与性能[J]. 核动力工程,2016,37(1):57—61.

[22]孟瑶,李辉. 1420 铝锂合金搅拌摩擦焊接头的组织演变及力学性能[J]. 长安大学学报(自然科学版),2016,36(5):110—117.

[23]姚佳,曾义聪. 2024-T4 铝合金超声辅助搅拌摩擦焊接头组织与性能研究[J]. 热加工工艺,2016,45(15):216—219.

[24]周利,韩柯,刘朝磊,等. 2219 铝合金搅拌摩擦焊接头缺陷补焊[J]. 航空材料学报,2016,36(1):26—32.

[25]叶结和,杨千里,朱燕,等. 5754/AZ31 异种合金搅拌摩擦焊接头的组织与性能[J]. 江苏科技大学学报(自然科学版),2016,30(3):232—236.

[26]肖毅华,张浩锋. 6061-T6 铝合金搅拌摩擦焊温度场的数值模型和参数影响分析[J]. 机械科学与技术,2017,36(1):119—126.

[27]杨峰,石端虎,陆兴华,等. 2205 不锈钢摩擦焊接头组织及残余应力分布[J]. 金属热处理,2016,41(12):38—41.

[28]康举,李吉超,冯志操,等. 2219-T8 铝合金搅拌摩擦焊接头力学和应力腐蚀性能薄弱区研究[J]. 金属学报,2016,52(1):60—70.

[29]张华,庄欠玉,张贺. 2219 铝合金搅拌摩擦焊接头晶间腐蚀分析[J]. 焊接学报,2016,37(8):79—82,132.

[30]张怡典,奚泉,张施楠. 6061 铝合金搅拌摩擦焊有限元分析及工艺研究[J]. 焊接技术,2015,44(12):26—28.

[31]陈书锦,曹福俊,刘彬,等. 6061 铝合金双轴肩搅拌摩擦焊接扭矩特征[J]. 焊接学报,2016,37(8):50—54,131.

[32]崔少朋,朱浩,郭柱,等. 7075 铝合金搅拌摩擦焊接头变形及失效行为[J]. 焊接学报,2016,37(6):27—30,130.

[33]陈建萍,衣玉兰. 7075 铝合金搅拌摩擦焊接头组织与性能研究[J]. 热加工工艺,2016,45(19):41—45.

[34]裴丽丽. AA7075 合金搅拌摩擦焊接过程中力学性能变化[J]. 铸造技术,2016,37(6):1225—1228.

[35]张忠科,彭军,王希靖. ABS 板搅拌摩擦焊工艺研究[J]. 热加工工艺,2016,45(19):245—247,250.

[36]董海荣,马颖,李伟荣. AZ31B 镁合金搅拌摩擦焊接头的显微组织及耐腐蚀性能[J]. 机械工程材料,2016,40(10):70—74.

[37]刘志军,张丽婷,张亮仁. LY12 铝合金搅拌摩擦焊接头组织与应力分析[J]. 焊管,2016,39(8):49—53.

[38]王希靖,邓向斌,王磊. Q235 钢板与 6082 铝合金搅拌摩擦焊工艺[J]. 焊接学报,2016,37(1):99—102,133.

[39]张华,秦海龙,吴会强. 工艺参数对 2195 铝锂合金搅拌摩擦焊接头力学性能的影响[J]. 焊接学报,2016,37(4):19—23,129—130.

[40]刘震磊,崔祜涛,姬书得,等. 工艺参数影响 2060 铝锂合金搅拌摩擦焊接头的成形规律[J]. 焊接学报,2016,37(7):79—82.

[41]韩培培，杨超，王继杰，等. 固溶处理对7B04-O铝合金搅拌摩擦焊接接头微观组织与力学性能的影响[J]. 机械工程学报，2015，51(22)：35—41.

[42]姬书得，温泉，马琳，等. TC4钛合金搅拌摩擦焊厚度方向的显微组织[J]. 金属学报，2015，51(11)：1391—1399.

[43]肖翰林，岳玉梅，王月，等. TC4钛合金搅拌摩擦焊接头的疲劳性能[J]. 热加工工艺，2016，45(11)：194—196.

[44]曹文胜，赵亮. TC4钛合金搅拌摩擦焊接新工艺及计算机仿真分析[J]. 铸造技术，2016，37(4)：774—777.

[45]胡郁，孔建. 高熔点钛合金搅拌摩擦焊接的热力耦合计算机数值模拟[J]. 钢铁钒钛，2016，37(1)：65—71.

[46]孙喜海，柴鹏，曲文卿. 焊后热处理对6A02-H112铝合金搅拌摩擦焊接头力学性能的影响[J]. 热加工工艺，2016，45(11)：83—85，89.

[47]郝亚鑫，王文，徐瑞琦，等. 焊后热处理对7A04铝合金水下搅拌摩擦焊接接头组织性能的影响[J]. 材料工程，2016，44(6)：70—75.

[48]郑小茂，张大童，张文，等. 焊接参数对7A04铝合金搅拌摩擦焊接头组织与力学性能的影响[J]. 焊接学报，2016，37(1)：76—80，132.

[49]乔珂，王文，吴楠，等. 焊接速度对铝铜复合板搅拌摩擦焊接接头的影响[J]. 金属热处理，2016，41(7)：55—59.

[50]李天麒，王快社，王文，等. 焊速对水下搅拌摩擦焊接7A04铝合金组织性能的影响[J]. 材料导报，2016，30(22)：109—112.

[51]陈健. 基于局部加热的铝与铜复合搅拌摩擦焊接头组织与性能[J]. 兵器材料科学与工程，2016，39(3)：94—98.

[52]刘晓春，赵欢. 基于数学模型的热处理铝合金水下搅拌摩擦焊接参数优化[J]. 电焊机，2015，45(11)：40—45.

[53]刘会杰，刘向前，胡琰莹. 搅拌摩擦焊缝类型对接头拉伸性能及断裂特征的影响[J]. 机械工程学报，2015，51(22)：29—34.

[54]贺地求，罗家文，王海军，等. 搅拌摩擦焊工艺参数与其焊接作用力的关系研究[J]. 热加工工艺，2016，45(19)：232—234.

[55]付宁宁，孟宪伟，曹兴华，等. 搅拌摩擦焊接头“洋葱环”层状结构形

成机制探索[J]. 焊接,2016,(2):28—31,71—72.

[56]MISHRA R S,MA Z Y. Friction stir welding and processing[J] Materials Science and Engineering:R:Reports,2005,50(1—2):1—78.

[57]MISHRA R S,MAHONEY M W. Friction Stir Processing:A new grain refinement technique to achieve high strain rate superplasticity in commercial alloys[J]. Materials Science Forum,2001,357—359:507—514.

[58]张鑫,陈玉华,王善林. 中间层材料对 Ti/Al 搅拌摩擦焊接头组织和性能的影响[J]. 稀有金属材料与工程,2016,45(5):1290—1295.

[59]吴红辉,袁鸽成,张普,等. 搅拌摩擦加工 AZ31 镁合金在 NaCl 溶液中的腐蚀特征[J]. 材料研究与应用,2013,7(2):117—121.

[60]高雪,张郑,王文,等. 搅拌摩擦加工 AZ31 细晶镁合金超塑性行为[J]. 稀有金属材料与工程,2016,45(7):1855—1860.

[61]刘奋成,刘强,简晓光,等. 搅拌摩擦加工 MWCNTs/AZ80 复合材料热膨胀性能研究[J]. 热加工工艺,2013,42(18):1—6.

[62]刘奋成,熊其平,刘强,等. 搅拌摩擦加工碳纳米管增强 7075 铝基复合材料的疲劳性能[J]. 稀有金属材料与工程,2015,44(7):1786—1790.

[63]席利欢,徐卫平,柯黎明,等. 搅拌摩擦加工制备的 MWCNTs/Mg 复合材料的阻尼性能[J]. 中国有色金属学报,2013,23(8):2163—2168.

[64]柴方,张大童,李元元. 热处理对搅拌摩擦加工 AZ91 镁合金显微组织和力学性能的影响[J]. 中国有色金属学报,2014,24(12):2951—2960.

[65]陈雨,李晓,付明杰,等. 多道次搅拌摩擦加工对 5083-O 铝合金组织性能的影响[J]. 东北大学学报,2014,35(10):1422—1426.

[66]夏星,夏春. 搅拌摩擦加工 CNTs/ZL114A 铝基复合材料的热处理及力学性能[J]. 热加工工艺,2016,45(2):104—107,111.

[67]高兵,陈雨,丁桦,等. 搅拌摩擦加工参数对 5083 铝合金组织性能的影响[J]. 材料与冶金学报,2015,14(2):140—143,148.

[68]孙美娜,王快社,徐瑞琦,等. 搅拌摩擦加工超细晶 2024 铝合金热稳定性研究[J]. 稀有金属,2014,38(5):781—785.

[69]薛鹏,肖伯律,马宗义. 搅拌摩擦加工超细晶及纳米结构 Cu-Al 合金的微观组织和力学性能研究[J]. 金属学报,2014,50(2):245—251.

[70]李向博,徐杰,薛克敏,等.搅拌摩擦加工对7A60铝合金组织性能的影响[J].精密成型工程,2015,7(5):77—80.

[71]袁潜,袁鸽成,张普,等.搅拌摩擦加工对3003铝合金铸轧带组织和力学性能的影响[J].材料研究与应用,2014,8(2):92—96.

[72]陆常翁,卢德宏,龚慧,等.搅拌摩擦加工对过共晶Al-Si-Fe合金组织及性能的影响[J].材料导报B:研究篇,2014,28(3):107—110.

[73]李敬勇,卓炎.搅拌摩擦加工对活塞用铸铝微观组织的影响[J].航空材料学报,2013,33(3):58—63.

[74]李敬勇,刘涛,郭宇文.搅拌摩擦加工铝基复合材料的高温摩擦磨损性能[J].材料工程,2015,43(6):21—25.

[75]刘朝晖,曾莹莹,段芳.搅拌摩擦加工技术制备多孔铝的实验研究[J].热加工工艺,2013,42(2):93—94,97.

[76]李蒙江,徐卫平,涂文斌,等.搅拌摩擦加工制备MWCNTs/1060铝基复合材料的力学性能[J].南昌航空大学学报,2013,27(2):42—46.

[77]童路,胥桥梁,马燕苹,等.晶粒细化对搅拌摩擦加工的7075铝合金电化学腐蚀行为的影响[J].重庆理工大学学报(自然科学),2016,30(7):52—58.

[78]陈吉,邓慕阳,陈科,等.铝板搅拌摩擦加工后原位自生第二相颗粒及焊核区晶粒尺寸[J].机械工程材料,2016,40(4):5—8.

[79]王快社,孔亮,王文,等.强制冷却搅拌摩擦加工2024铝合金的组织性能研究[J].稀有金属材料与工程,2013,42(5):1053—1056.

[80]杨晓康,王文,王快社,等.织构对搅拌摩擦加工镁合金力学性能的影响研究现状[J].中国材料进展,2015,34(6):482—486.

[81]翟皎,陈靓瑜,孟强,等.工业纯钛板多道次搅拌摩擦加工区的组织及摩擦磨损性能[J].机械工程材料,2016,40(5):92—95,100.

[82]陈玉华,戈军委,黄春平,等.搅拌摩擦加工原位合成Al-Ti颗粒增强铝基复合材料的微观结构[J].中国机械工程,2013,24(16):2146—2149.

[83]金玉花,赵敬彬,张忠科.开槽位置对搅拌摩擦加工制备SiC_p/铝基复合材料均匀性的影响[J].兰州理工大学学报,2016,41(3):10—14.

[84]金玉花,温雨,李常锋,等.搅拌摩擦加工制备铝基复合材料组织性

能研究[J]. 热加工工艺,2014,43(16):115－119.

[85]金玉花,赵敬彬,李常锋,等. 搅拌摩擦加工制备 SiC_p/铝基复合材料增强相流动性的数值模拟[J]. 兰州理工大学学报,2016,42(4):27－31.

[86]汪云海,黄春平,夏春,等. 添加 La_2O_3 对搅拌摩擦加工制备 Ni/Al 复合材料组织和性能的影响[J]. 复合材料学报,2016,33(9):2067－2073.

[87] NARIMANI M, LOFIT B, SADEGHIAN Z. Investigating the microstructure and mechanical properties of Al-TiB_2 composite fabricated by Friction Stir Processing (FSP) [J]. Materials Science and Engineering: A, 2016,673:436－442.

[88]RANA H G,BADHEKA V J,KUMAR A . Fabrication of Al7075/B_4C surface composite by novel Friction Stir Processing (FSP) and investigation on wear properties [J]. Procedia Technology, 2016, 23: 519－528.

[89] RATHEE S, MAHESHWARI S, NOOR S A, et al. Process parameters optimization for enhanced microhardness of AA6061/SiC surface composites fabricated via Friction Stir Processing (FSP) [J]. Materials Today Proceedings,2016,3(10):4151－4156.

[90] TUTUNCHILAR S, GIVI M K B, HAGHPANAHI M, et al. Eutectic Al-Si piston alloy surface transformed to modified hypereutectic alloy via FSP [J]. Materials Science and Engineering: A, 2012, 534: 557－567.

[91] BARMOUZ M, ASADI P, GIVI M K B, et al. Investigation of mechanical properties of Cu/SiC composite fabricated by FSP: Effect of SiC particles' size and volume fraction[J]. Materials Science and Engineering: A, 2011,528:1740－1749.

[92]NARIMANI M, DEHGHANI K . Investigation of microstructure and hardness of Mg/TiC surface composite fabricated by Friction Stir Processing(FSP)[J]. Procedia Materials Science,2015,11:509－514.

[93] DHAYALAN R, KALAISELVAN K, SATHISKUMAR R. Characterization of AA6063/SiC-Gr Surface Composites Produced by FSP

Technique[J]. Procedia Engineering,2014,97:625－631.

[94]SARMADI H,KOKABI A H,SEYED R S M . Friction and wear performance of copper-graphite surface composites fabricated by friction stir processing (FSP)[J]. Wear,2013,304(1－2):1－12.

[95]KHAYYAMIN D,MOSTAFAPOUR A,KESHMIRI R. The effect of process parameters on microstructural characteristics of AZ91/SiO_2 composite fabricated by FSP[J]. Materials Science and Engineering: A, 2013,559:217－221.

[96]BAURI R,YADAV D,SUHAS G. Effect of friction stir processing (FSP) on microstructure and properties of Al-TiC in situ composite[J]. Materials Science and Engineering:A,2011,528(13－14):4732－4739.

[97]RAAFT M,MAHMOUD T S,ZAKARIA H M,et al. Microstructural, mechanical and wear behavior of A390/graphite and A390/Al_2O_3 surface composites fabricated using FSP[J]. Materials Science and Engineering: A, 2011, 528(18):5741－5746.

[98]THANKACHAN T,PRAKASH K S. Microstructural,mechanical and tribological behavior of aluminum nitride reinforced copper surface composites fabricated through friction stir processing route[J]. Materials Science and Engineering:A,2017,688:301－308.

[99]AHMADKHANIHA D,SOHI M H,SALEHI A,et al. Formations of AZ91/Al_2O_3 nano-composite layer by friction stir processing[J]. Journal of Magnesium and Alloys,2016,4(4):314－318.

[100] GHASEMI-KAHRIZSANGI A, KASHANI-BOZORG S F, MOSHREF-JAVADI M. Effect of friction stir processing on the tribological performance of Steel/Al_2O_3 nanocomposites[J]. Surface and Coatings Technology,2015,276:507－515.

[101] SANTOS T G, LOPES N, MACHADO M, et al. Surface reinforcement of AA5083-H111 by friction stir processing assisted by electrical current[J]. Journal of Materials Processing Technology,2015,216: 375－380.

[102] HASHEMI R, HUSSAIN G. Wear performance of Al/TiN dispersion strengthened surface composite produced through friction stir process: A comparison of tool geometries and number of passes[J]. Wear, 2015, 324—325: 45—54.

[103] SHARMA V, PRAKASH U, KUAMR B M. Microstructural and mechanical characteristics of AA2014/SiC surface composite fabricated by friction stir processing [J]. Materials Today Proceedings, 2015, 2: 2666—2670.

[104] ASL A M, KHANDANI S T. Role of hybrid ratio in microstructural, mechanical and sliding wear properties of the Al5083/$Graphite_p$/Al_2O_{3p} a surface hybrid nanocomposite fabricated via friction stir processing method [J]. Materials Science and Engineering: A, 2013, 559: 549—557.

[105] NASCIMENTO F, SANTOS T, VILACA P, et al. Microstructural modification and ductility enhancement of surfaces modified by FSP in aluminium alloys[J]. Materials Science and Engineering: A, 2009, 506: 16—22.

[106] MAURYA R, KUAMR B, ARIHARAN S, et al. Effect of carbonaceous reinforcements on the mechanical and tribological properties of friction stir processed Al6061 alloy [J]. Materials & Design, 2016, 98: 155—166.

[107] HALIL I K. Influence of hybrid ratio and friction stir processing parameters on ultimate tensile strength of 5083 aluminum matrix hybrid composites[J]. Composites Part B: Engineering, 2016, 93: 26—34.

[108] LORENZO-MARTIN C, AJAYI O O. Rapid surface hardening and enhanced tribological performance of 4140 steel by friction stir processing[J]. Wear, 2015, 332—333: 962—970.

[109] CARTIGUEYEN S, MAHADEVAN K. Influence of rotational speed on the formation of friction stir processed zone in pure copper at low-heat input conditions [J]. Journal of Manufacturing Processes, 2015, 18: 124—130.

[110] AHMADKHANIHA D, HEYDARZADEH S M, ZAREI-

HANZAKI A, et al. Taguchi optimization of process parameters in friction stir processing of pure Mg[J]. Journal of Magnesium and Alloys, 2015, 3: 168—172.

[111] SUDHAKAR I, MADHUSUDHAN R G, SRINIVASA R K. Ballistic behavior of boron carbide reinforced AA7075 aluminium alloy using friction stir processing: An experimental study and analytical approach[J]. Defence Technology, 2016, 12: 25—31.

[112]BALAMURUGAN K G, MAHADEVAN K. Investigation on the changes effected by tool profile on mechanical and tribological properties of friction stir processed AZ31B magnesium alloy [J]. Journal of Manufacturing Processes, 2013, 15(4): 659—665.

[113]MORISHIGE T, HIRATA T, TSUJIKAWA M, et al. Comprehensive analysis of minimum grain size in pure aluminum using friction stir processing [J]. Materials Letters, 2010, 64: 1905—1908.

[114]MORISHIGE T, HIRATA T, UESUGI T, et al. Effect of Mg content on the minimum grain size of Al-Mg alloys obtained by friction stir processing [J]. Scripta Materialia, 2011, 64(4): 355—358.

[115] CHABOK A, DEHGHANI K. Formation of nanograin in IF steels by friction stir processing[J]. Materials Science and Engineering: A, 2010, 528(1): 309—313.

[116] ALDAJAH S H, AJAYI O O, FENSKEG R, et al. Effect of friction stir processing on the tribological performance of high carbon steel [J]. Wear, 2009, 267: 350—355.

[117]CAVALIERE P, MARCO P P D. Fatigue behaviour of friction stir processed AZ91 magnesium alloy produced by high pressure die casting [J]. Materials Characterization, 2007, 58(3): 226—232.

[118]ELANGOVAN K, BALASUBRAMANIAN V. Influences of pin profile and rotational speed of the tool on the formation of friction stir processing zone in AA2219 aluminium alloy [J]. Materials Science and Engineering: A, 2007, 459(1—2): 7—18.

[119] ESCOBAR J D, VELÁSQUEZ E, SANTOS T F A, et al. Improvement of cavitation erosion resistance of a duplex stainless steel through friction stir processing (FSP) [J]. Wear, 2013, 297 (1－2): 998－1005.

[120] SUMIT M, KHAN F, BABU S, et al. Particle refinement and fine-grain formation leading to enhanced mechanical behaviour in a hypo-eutectic Al-Si alloy subjected to multi-pass friction stir processing[J]. Materials Characterization, 2016, 113: 134－143.

[121] KURTYKA P, RYLKO N, TOKARSKIT, et al. Cast aluminium matrix composites modified with using FSP process: Changing of the structure and mechanical properties[J]. Composite Structures, 2015, 133: 959－967.

[122] HE X, GU F, BALL A. A review of numerical analysis of friction stir welding[J]. Progress in Materials Science, 2014, 65(10): 1－66.

[123] KASPER C J, SWAN V. Modelling of armour-piercing projectile perforation of thick aluminium plates[A]. Livermore Software Technology Corporation (LSTC), 13th International LS-DYNA Users Conference (Session: Simulation), Detroit, 2014.

[124]于勇征,罗宇,栾国红,等. 铝合金 LD10-LF6 搅拌摩擦焊的金属塑性流动[J]. 焊接学报,2004,25(6):115－118,134.

[125]柴鹏,栾国红,孙成彬,等. 旋转速度对 6063 铝合金搅拌摩擦焊接头力学性能的影响[J]. 电焊机,2005,35(3):31－33,64.

[126]谢腾飞,邢丽,柯黎明,等. 搅拌针形状对搅拌摩擦焊焊缝 S 曲线形成的影响[J]. 热加工技术,2008,37(7):64－66,82.

[127]徐韦锋,刘金合,栾国红,等. 2219-O 铝合金厚板搅拌摩擦焊接缺陷分析[J]. 特种铸造及有色合金,2008,28(7):554－556,491.

[128]栾国红,付瑞东,董春林,等. 中性盐雾下 7075 铝合金搅拌摩擦焊焊缝的腐蚀行为[J]. 中国腐蚀与防护学报,2010,30(3):236－240.

[129]付瑞东,何淼,栾国红,等. 酸性盐雾下 2024 铝合金搅拌摩擦焊接头的腐蚀行为[J]. 中国腐蚀与防护学报,2010,30(5):396－402.

[130]董继红,佟建华,郭晓娟,等. 30 mm 7A05 铝合金搅拌摩擦焊接头组织及力学性能[J]. 焊接学报,2012,33(4):65—68,116.

[131]马宗义,谢广明,冯艾寒. 搅拌摩擦加工细晶镁合金超塑性研究[C]//中国有色金属学会第十二届材料科学与合金加工学术年会论文集:工程科技Ⅰ辑,2007:450.

[132]马宗义. 搅拌摩擦焊接与加工技术研究进展[J]. 科学观察,2009,4(5):53—54.